U0158781

武夷研茶

## 资助项目

福建省2011协同创新中心-中国乌龙茶产业协同创新中心专项

（闽教科〔2015〕75号）

福建省科技创新平台建设项目：大武夷茶产业技术研究院建设

（2018N2004）

南平市科技计划项目(N2017Y01)

# 武夷茶路

张渤 侯大为 ◎ 主编

復旦大學出版社

## 编委会

主　编　张　渤　侯大为

参　编　洪永聪　叶国盛　郑慕蓉　王　丽

丁丽萍　翁　睿　黄毅彪　翁　晖

# 序

碧水丹山之境的武夷山，是世界文化与自然遗产地，是国家公园体制试点区，产茶历史悠久，茶文化底蕴深厚。南北朝时即有“珍木灵芽”之记载，唐代有腊面贡茶，时人即有“晚甘侯”之誉。宋朝之北苑贡茶时期，武夷茶制作技术、文化、风俗盛极一时，茶文化与诗文化、禅文化充分渗透交融，斗茶之风更千古流传。站在元代御茶园的遗迹上，喊山台传来的“茶发芽”之声依稀犹在。明清时的武夷茶人不仅克绍箕裘，更发扬光大，创制出红茶与乌龙茶新品种，至今大红袍、正山小种等誉美天下。“臻山川精英秀气所钟，品具岩骨花香之胜。”梁章钜、汪士慎、袁枚等为武夷茶所折服，留下美妙的感悟。武夷山又是近代茶叶科学研究的重镇，民国时期即设立有福建示范茶厂、中国茶叶研究所。吴觉农、陈椽、庄晚芳、林馥泉、张天福等近代茶学大家均在此驻留，为中国茶叶科学研究做出不凡的成绩。

历史上，“武夷茶”曾是中国茶的代名词，武夷山是万里茶道的起点，武夷茶通过海路与陆路源源不断地输往海外，这一刻度，就是200年。域外通过武夷茶认识了中国，认识了福建，掀起了饮茶风潮，甚至改变了自己国家的生活方式，更不惜赞美之词。英国文学家杰罗姆·K. 杰罗姆说：“享受一杯茶之后，它就会对大脑说：‘起来吧，该你一显身手了。你需口若悬河、思维缜密、明察秋毫；你需目光敏锐，洞察天地和人生：舒展白色的思维羽翼，如精灵般地翱翔于纷乱的世间之上，穿过长长的明亮的星光小径，直抵那永恒之门。’”

武夷茶路不仅是一条茶叶贸易之路，更是一条文化交流之路。一杯热茶面前，不同肤色、不同种族、不同语言的人有了共同的话题。一条茶路，见证了大半个中国从封闭落后走向自强开放的历史历程，见证了中华民族在传统农业文明与近代工业文明之间的挣扎与转变。如今，虽说当年运茶的古渡早已失去踪迹，荒草侵蚀了古道，流沙淹没了时光，但前辈茶人不惧山高沟深、荒漠阻隔、盗匪出没，向生命极限发出的挑战勇气与信念，是当今茶人最该汲取的商业精神。

时光翻开了新的一页。2015年10月，习近平主席在白金汉宫的欢迎晚宴上致辞时以茶为例，谈中英文明交流互鉴："中国的茶叶为英国人的生活增添了诸多雅趣，英国人别具匠心地将其调制成英式红茶。中英文明交流互鉴不仅丰富了各自文明成果、促进了社会进步，也为人类社会发展作出了卓越贡献。"

如今，在"一带一路"倡议与生态文明建设的背景下，武夷茶又迎来了新的发展时代。"绿水青山就是金山银山"已然是中国发展的重要理念。茶产业是典型的美丽产业、健康产业，是"绿水青山就是金山银山"的最好注脚。我们不断丰富发展经济和保护生态之间的辩证关系，在实践中将"绿水青山就是金山银山"化为生动的现实。武夷山当地政府、高校、企业与茶人们为此做了不懈的努力，在茶园管理、茶树品种选育、制茶技艺传承与创新、茶叶品牌构建等方面不断探索，取得了辉煌的成就，让更多的武夷茶走进千家万户，走向市场、飘香世界。武夷茶也越来越受到人们的喜爱。外地游客来武夷山游山玩水之余，更愿意坐下来品一杯茶，氤氲在茶香之中。

由武夷学院茶与食品学院院长张渤牵头，中国乌龙茶产业协同创新中心"一带一路"中国乌龙茶文化构建与传播研究课题组编写了"武夷研茶"丛书——《武夷茶路》《武夷茶种》《武夷岩茶》《武夷红茶》。丛书自成一个完整的体系，不论是论述茶叶种质资源，还是阐述茶叶类别，皆文字严谨而不失生动，图文并茂。丛书不仅是武夷茶的科学普及，而且具有很强的实操性。编写团队依托武夷学院研究基础与力量，不仅做了细致的文献考究，还广泛深入田野、企业进行调研，力求为读者呈现出武夷茶的历史、发展与新貌。

“武夷研茶”丛书的出版为武夷茶的传播与发展提供了新的视野与诠释，是了解与研究武夷茶的全新力作。丛书兼顾科普与教学、理论与实践，既可以作为广大爱好者学习武夷茶的读本，也可以作为高职院校的研读教材。相信“武夷研茶”丛书能得到读者的认可与喜欢！

谨此为序。

**杨江帆**

2020年3月于福州

# 目 录

大红袍祖庭

# 第一章 武夷茶的历史

· 武夷茶的栽植历史
· 武夷茶的制作沿革

中国是茶的故乡，是茶树的原产地。滇、川、黔三省交界的云贵高原是野生古茶树分布最多的区域，福建一带也发现有大量野生茶树和古茶树，茶树品种同样十分丰富。依照植物学起源和分布学说，同时根据福建的地质构造、出土文物、社会发展史、生态环境、野生茶树的分布等情况来分析，福建省是中国茶树物种起源的“隔离分布”演化区域。

武夷山市位于福建省北部，隶属南平市，地理上介于东经117°00′—119°25′，北纬26°30′—28°20′，境内东、西、北部群山环抱，峰峦叠嶂，挡住了西北寒流的侵袭，中南部较平坦，为山地丘陵区，又截分了海洋温暖气流。因此，武夷山市内年平均气温在18℃左右，雨量充沛，平均降雨量1 926 mm，气候温湿，冬无严寒，夏无酷暑，光照丰富，自然条件优越。加之武夷山属于中生代白垩纪武夷层，大部分地区土壤为中性－酸性火山岩、砂砾岩、砂岩、砾岩的地层。故从土壤、温度、降水等自然条件来看，武夷山是最适宜茶树生长的区域。因此，这里茶树栽种历史悠久、品种丰富，自古有“茶树品种王国”之美誉，并成为中国茶树起源地福建境内的“演化区域之一”。

武夷山水

武夷山自然保护区的挂墩是世界生物标本的采集地，自16世

茶园曙光

纪武夷山桐木关（自然保护区内）正山小种红茶传播到欧美后，许多外国商人、传教士开始进入武夷山，采购茶叶和采办动、植物标本。1753 年，瑞典植物分类学家林奈最早对武夷山茶树标本进行了研究，并将茶树的学名初定为 Thea sinensis L，后又定为 Camellia sinensis L，“Sinensis”在拉丁文中是中国的意思。明清时期，武夷茶大量出口，在欧洲，“武夷茶”一度成为“中国茶”的代名词。1981 年，我国茶学专家庄晚芳、刘祖生等人提出将茶树分为 2 个亚种（武夷亚种、云南亚种）、7 个变种。茶树分类命名的武夷亚种，包括武夷变种、江南变种、不孕变种，较好地反映了种群之间的亲缘关系，也从侧面反映了武夷茶树的悠久历史。

# 第一节　武夷茶的栽植历史

闽北武夷山一带，乃名山大川，历史悠久，汉代时为闽越国的王城所在地。越国灭亡后，勾践后裔逃至福建建立闽越国。公元前110年，汉武帝派大军讨伐闽越国，汉武帝以“东越狭多阻，闽越悍，数反复”为由，诏令将闽越民众举众迁往江淮之地。多年后，汉武帝派人前往武夷祭祀武夷君，故自汉代起，武夷山就被封为祭祀名山。因此，民间多有传说，自汉代时，武夷茶就已作为礼品纳贡。

武夷山优异的生态环境，茶树通过自然杂交，孕育出多种遗传类型并产生变异，呈现丰富的种质资源。建茶，最早见于《淳熙三山志》卷四十二：“唐《地理志》亦载，福州贡蜡面茶，盖建茶未盛之前也。”建茶即古代建州所产之茶，建州包括今日的建瓯、建阳、延平、武夷山等闽北地区，建州府在历史上存在时间长，武夷茶也隶属于建茶的一部分。隋唐至五代，福建茶树的种植技术迅速发展。唐代福建蜡面茶、武夷香蜡片茶皆已成为馈赠礼品和贡品。唐代进士徐夤（yín，也称徐寅）《尚书惠蜡面茶》诗：“武夷春暖月初圆，采摘新芽献地仙。飞鹊印成香蜡片，啼猿溪走木兰船。”诗中简单地提及了蜡面茶的采制时间和方法，以及蜡面茶的形状。

福建闽越王城博物馆

南唐后主李煜在建州创建“北苑龙焙”，征集闽北各县好茶，归龙焙精制。宋代，“北苑龙焙”转归宋代皇室经营，宋太宗派人到建州监制历史闻名的龙凤茶，建州始成为贡茶中心。此后，包括武夷山在内的建州一带成为当时的产茶盛地，文献记载颇多。这一带的茶由于皆数上贡，官员重视，因此栽植管理精细，注重优良茶树选育，制茶工艺精湛，故曾有云“建溪官茶天下绝，独领风骚数百年”。宋代，随着商贸的发展，消费需求的多样化，茶叶种植业与加工业快速发展。

宋代，宋子安在其《东溪试茶录》中记载了当时建州北苑一带的茶树：

一曰白叶茶，民间大重，出于近岁，园焙时有之。地不以山川远近，发不以社之先后，芽叶如纸，民间以为茶瑞，取其第一者为斗茶，而气味殊薄，非食茶之比。

次有柑叶茶，树高丈余，径头七八寸，叶厚而圆，状类柑橘之叶，其芽发即肥乳，长二寸许，为食茶之上品。

三曰早茶，亦类柑叶，发常先春，民间采制为试焙者。

四曰细叶茶，叶比柑叶细薄，树高者五六尺，芽短而不乳，今生沙溪山中，盖土薄而不茂也。

五曰稽茶，叶细而厚密，芽晚而青黄。

六曰晚茶，盖稽茶之类，发比诸茶晚，生芽于社后。

七曰丛茶，亦曰蘖茶，丛生，高不数尺，一岁之间发者数四，贫民取以为利。

以上的分类，说明建州在宋代时，茶树品种资源丰富，且宋人已比较重视茶树品种的选育与利用。闻名至今的名丛白鸡冠、铁罗汉茶树也选自宋代，相传白鸡冠是宋代道教南宗五祖白玉蟾发现并培育的茶种，白玉蟾当时是武夷山止止庵道观的住持，而白鸡冠的原产地就在武夷山大王峰下止止庵道观白蛇洞。铁罗汉的最早记载见于郭柏苍（1886）的《闽产异录》："铁罗汉、坠柳条皆宋树，仅止一株，年产少许。"

此外，宋代茶树的记载还见于：

刘靖（1753）的《片刻余闲集》："天游观前有老茶，盘根旋绕水石间，每年发十数株，其叶肥厚稀疏，仅可得茶二三两。"

《北苑拾遗》："官茶中有白茶五六株，能仁寺有茶树生石缝间。"

《随见录》："武夷五曲朱文公书院内，有茶一株，叶有臭虫气，及焙制，出时香逾他树，名曰'臭叶香茶'，又有老树数株，云文公手值，名曰'宋树'。"

到了明清时期，茶树品种又有了新的发展，从古老的武夷菜茶中培育出许多岩茶极品，五大名丛声名鹊起：后起之秀大红袍、水金龟、半天腰与早已扬名的白鸡冠、铁罗汉共称五大名丛，闻名至今。水仙茶树原产于建阳市小湖镇祝仙洞，清代康乾时期引种到武夷山，落户武夷山后，极其适应，用乌龙茶工艺采制，其品质反优于原产地，故有"武夷水仙"之美名。

武夷茶区的劳动者有选育名丛的历史文化与优良传统，故武夷茶树现今之丰富不是偶然。蒋希召（1885—1934）曾在游历武夷山时谈到："武夷名岩

武夷学院茶树种质资源圃——武夷名丛园

所产之茶，各有其特殊之品，天心岩之大红袍、金锁匙，天游岩之大红袍、人参果、吊金龟、下水龟、毛猴、柳条，马头岩之白特丹、石菊、铁罗汉、苦瓜霜，慧苑岩之品石、金鸡伴凤凰、狮舌，磊石岩之鸟珠、壁石，止止庵之白鸡冠，蟠龙岩之玉桂、一枝香，皆极名贵。此外有金观音、半天腰、不知春、夜来香等名目诡异，统计全山，将达千种。”民国时期，茶叶专家林馥泉曾在武夷山调查记录武夷山的茶树品种、名丛、单丛达千种以上，仅慧苑一带就多达 830 种，列出的“花名”达 286 个。

20 世纪 70 年代，全国开展了茶树品种资源调查和新品种的选育和推广。在这以前，武夷茶区的主栽品种是武夷菜茶，以种子有性繁殖为主。20 世纪 80 年代，福建尤其是闽北一带从武夷菜茶、历史名丛中相继选育出多个品种进行推广栽培，例如建阳水仙、武夷肉桂、武夷大红袍等。武夷岩茶当家品种水仙、肉桂皆为当时选育推广的品种，肉桂乃武夷名丛，又称作“玉桂”，

武夷名丛——大红袍

原产于武夷山马枕峰，肉桂以内质香高味浓，香气微辛似桂皮，滋味醇厚略带刺激性，岩韵风格突出，受到市场的喜爱。1986年，福建省农作物品种审定委员会确定，肉桂为乌龙茶的特优品种，同年被选为部优名特产品。除了选育国家、省级良种，广大茶农及茶叶科研人员还从菜茶中选出多个名丛如白鸡冠、水金龟、铁罗汉、不知春、半天腰、雀舌等进行育苗扩种、区试鉴定和推广。同时，从外地引进品种搭配种植，增加无性系良种面积，并注重早、中、迟芽型茶树良种的搭配，使武夷山茶区从单一栽种武夷菜茶转向多品种栽种。丰富的名丛资源和引进的新品种为提升武夷茶品质、提高武夷茶产量起到重要作用。

# 第二节　武夷茶的制作沿革

## 一、唐代团茶起步

汉代的武夷山为闽越国的王城所在地。南朝时期，文人江淹游历武夷山，赞其“碧水丹山，珍木灵草”。至唐时，喝茶已成国人的普遍生活习惯，封演《封氏闻见记》：“古人亦饮茶耳，但不如今人溺之甚。穷日尽夜，殆成风俗，始自中地，流于塞外。”言唐人饮茶风尚普遍。唐代，蒸青团饼茶是茶的主流形态，武夷茶亦不例外。唐代陆羽在《茶经·三之造》提到的工艺有：“采之、蒸之、捣之、拍之、焙之、穿之、封之。”唐代杨晔《膳夫经手录》中提及多款唐代名茶，就建茶处“建州大团，状类紫笋，又若今之大胶片，每一轴十斤余。将取之，必以刀刮然后能破，味极苦……”因在制捣拍的过程中茶叶会流汁于面上，故称为出膏，也称研膏茶。由于研膏茶苦涩浓重，在唐末时进行改制，通过挤压去掉部分茶汁，减轻苦涩味，加入龙脑、沉香等香料，调和茶味，此茶质地细腻，表面光润如蜡，南唐后主赐名“蜡面”。在唐时，我国名茶众多，武夷茶已有名气。陆羽在《茶经·八之出》中提到：“岭南：生福州、建州……往往得之，其味极佳。”进士徐夤在光启年间（885—888）题诗《尚书惠蜡面茶》中描绘了武夷蜡面茶“飞鹊

现代团饼茶（近似古代香蜡片）

印成香蜡片，啼猿溪走木兰船”。可见，武夷香蜡片上印有喜庆的飞鹊图案，比普通蜡片更为精致。这种茶在碾制时还添加了沉香等香料，以增其香，再加以山泉烹煮，茶汤呈现翠绿色。唐代以及宋代的高级贡茶中，常添加龙脑、沉香等香料，以增其香味，显其名贵；宋代后期渐渐弃用添香以求保留茶之真味。

## 二、宋代饼茶精进

宋代制茶技术发展快速，北苑龙焙是宋代御茶制作中心，由于贡茶制作精益求精，故北苑名品迭出。宋代，研膏、腊面茶仍继续充作贡茶。在欧阳修、黄庭坚、苏轼的诗词中，经常提到研膏茶。宋代建茶也皆研膏，梅尧臣《答建州沈屯田寄新茶》：“春芽研白膏，夜火焙紫饼。”《宋史·食货志》载：“唯建、剑则既蒸而研，编竹为格，置焙室中，最为精洁，他处不能造。”建茶味重，必欲去膏。

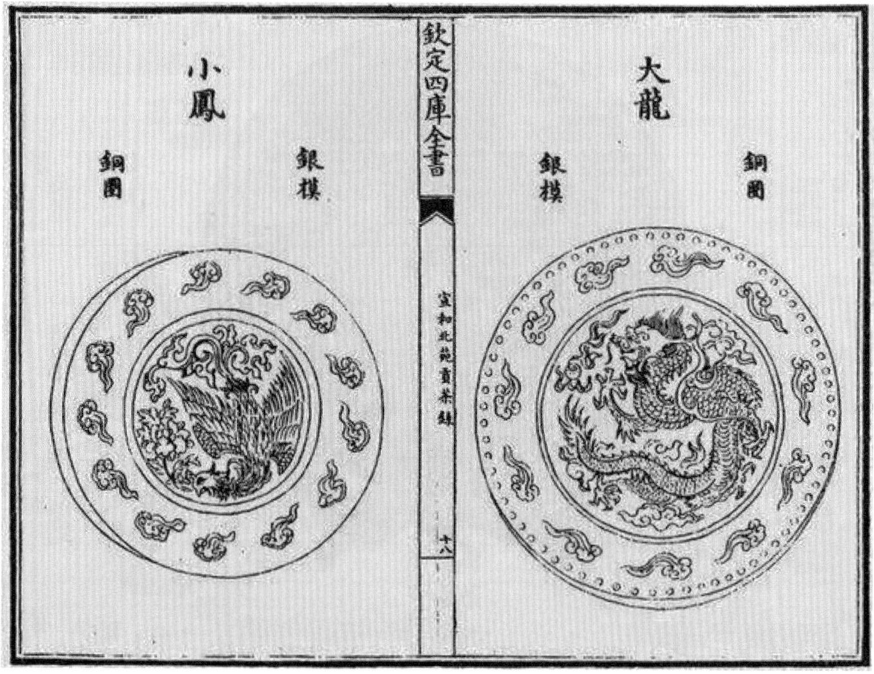

宋代龙团凤饼茶模型（图摘自北宋熊蕃《宣和北苑贡茶录》）

太平兴国二年（977），宋太宗“特置龙凤模，遣使即北苑造团茶，以别庶饮，龙凤茶盖始于此”。此时制作更加精细，除了沿袭唐时的蒸青团茶，宋时龙凤团茶名冠天下。北宋大臣杨亿《杨文公谈苑》写道：“凡茶十品，龙茶、凤茶、京铤、的乳、石乳、头金、白乳、腊面、头骨、次骨。龙茶以供乘舆及赐执政、亲王、长主；余皇族、学士、将帅皆凤茶；舍人、近臣赐京铤、的乳；馆阁赐白乳；龙凤茶、石乳茶皆太宗令造。”宋庆历（1041—1048）年间，蔡襄继任福建转运使，将大龙团改制小龙团，20片重一斤（宋时一斤约600 g），茶品更精，造价更巨。宋元丰（1078—1085）年间，北苑进贡密云龙，后又进贡银线水芽等茶，皆为创新名品，虽不异工本，但制茶技术，独树一帜，远胜他地。

唐宋皆生产蒸青饼茶，宋代制茶工艺在唐代的基础上进一步提升，是茶农及制茶工匠智慧的结晶，宋时制茶工艺简述如下：

（1）拣茶："茶有小芽、有中芽、有紫芽、有白合、有乌蒂，此不可不辨。"若有所杂，则会"首面不匀，色浊而味重也"。

（2）蒸茶：先洗涤茶芽，然后放入甑中利用沸水蒸茶（即现代所说的蒸汽杀青），把握好蒸的程度，蒸过则茶色黄味淡，蒸不熟则茶色青味有青草气。

（3）榨茶：茶蒸熟后，先淋洗然后挤压茶叶，去水，去茶汁。建茶味浓厚，需流其膏。

（4）研茶：放茶入研茶钵中，加水研之，水干茶熟，不同之茶加水量不同。

（5）造茶：将茶置于模具中，有圆形、方形和花形样式，饼茶面上饰以纹饰。

（6）过黄：即干燥工序。

蒸青散茶也在宋代开始出现，历史出现的贡品"银线水芽、雀舌、鹰爪等芽茶"等都是散茶的雏形。元代《王祯农书》和《农桑撮要》上谈及制茶法是茶叶略蒸，颜色稍变后，摊开扇凉，用手略揉，再则焙干。其中，揉捻可视作制造条形蒸青绿茶的开端。

元代至元十六年（1279），浙江省平章事高兴路经武夷，尝石乳名茶，遂监制石乳茶数斤呈献给元世祖忽必烈，备受赏识。至元十九年，崇安县（今武夷山市的旧称）承办贡茶，高兴监制。元大德五年（1301），其子高久任福建省行省邵武路总管，奉命到崇安监制贡茶。元大德六年，派人在武夷山九曲溪畔四曲处兴建皇家御茶园，专制贡茶，其色香味不减当年北苑。周亮工在《闽小记》载："先是建州贡茶，首称龙团凤饼，而武夷石乳未著，今则'但知有武夷，不知有北苑。'"从此武夷茶从建茶中独立出来，进入一个新的发展时期。

## 三、明清制茶变革

明代初期，团饼茶逐渐退出历史舞台，芽茶成为大势所趋。团饼茶制作费工耗时，且经研膏、榨汁，有损茶真味，保留叶形的散茶逐渐为世人接受。由于茶的外形变化，武夷茶的制作也开始革新。明朝中后期，崇安县招黄山僧传松萝制法，改碾为揉，增加了炒制工序，改团茶为条形散茶，所制茶叶色香味具足，转传相效，武夷御茶园也出现了探春、先春、次春、紫笋等品种，据《明史·食货志》载："天下贡额四千有奇，福建建宁所贡最为上品，有探春、先春、次春、紫笋及荐新等号。"

清代，武夷茶区积极引进茶叶炒制法。武夷茶在炒揉结合的基础上进一步发展出现了乌龙茶的制作雏形，王复礼[1]在《茶说》中提到："武夷茶，自谷雨采至立夏……茶采后以竹筐匀铺，架于风日中，名曰'晒青'。俟其青色渐收，然后再加炒焙。阳羡岕茶只蒸不炒，火焙以成。松萝、龙井皆炒而不焙，故其色纯。独武夷炒焙兼施，烹出之时半青半红，青者乃炒色，红者乃焙色。茶采而摊，摊而摝，香气发越即炒，过时、不及皆不可。既炒既焙，复拣去其中老叶枝蒂，使之一色。"摝即摇动之意，接近现在的摇青工艺，是现代乌龙茶制作工艺的雏形，通过摇青使青叶内物质水解并与空气发生酶促氧化反应，有利于茶香茶味，直到散发浓烈的花香，即为现代俗称的"氧化发酵"。摇青适度，然后炒青，炒青能抑制酶的活性，停止酶促氧化，最后通过烘焙，固定茶叶品质。当代"茶圣"吴觉农在《茶经述评》中认为：这种经晒、摊、摝、炒的制法，即属乌龙茶制作工艺。工艺的变革，也使得武夷茶的品质焕发新的面貌，清初僧人释超全形容武夷茶品质"如梅斯馥兰斯馨""心闲手敏工夫细"，极为贴切。

清人袁枚在其饮食杂记《随园食单》中写到"武夷享天下盛名，真乃不忝"。他在品尝武夷茶时评论："先嗅其香，再试其味，徐徐咀嚼而体贴之，果然清香扑鼻，舌有余甘。龙井虽清而味薄矣，阳羡虽佳而韵逊矣。"清人张

---

① 王复礼，字需人，号草堂，浙江钱塘人。著有《家礼辨定》《武夷九曲志》等。

武夷茶摇青工艺　　武夷茶炒青工艺

泓在《滇南忆旧录》记载武夷茶之妙：“茶之妙，可烹至六七次，一次则有一次之香。或兰、或桂、或茉莉、或菊香，种种不同，真天下第一灵芽也。”指出武夷茶具有浓郁的花香且富有变化。官员梁章钜总结武夷茶品有四等，从低至高，分别是香、清、甘、活，他认为香而不清、清而不甘、甘而不活的茶皆不为好茶。这样的品鉴标准，至今仍是武夷岩茶佳品的评判圭臬。

起源于武夷山桐木关的“正山小种”，是红茶工艺的雏形。据《武夷山志》记载：“崇南曹墩乃武夷一脉，所产甲于东南。”桐木关产茶历史与武夷齐名，有人推断其制法开始也与武夷多处的岩茶制法一致，后因高山云雾，利用松木烟气熏蒸来促使茶叶的萎凋、发酵和干燥，演变而成具有独特气味的正山小种，保存至今。我们从正山小种鲜叶采摘的成熟度及制法中尚保留一个“过红锅”的工序来分析，可以看到由岩茶工艺演变的痕迹。17 世纪，正山小种曾掀起欧洲红茶品饮的时尚潮流，200 多年后，它的姊妹茶“金骏眉”又掀起了国内红茶的品饮风潮。

桐木风光

桐木制茶青楼

## 四、抗战时期制茶发展

抗日战争爆发后，福建省茶叶改良场从福安县迁到崇安县，张天福任场长。1940 年，茶叶改良场并入中国茶叶总公司与福建省政府合资创办的福建示范茶厂，示范茶厂下设福安、福鼎分厂和武夷、星村、政和制茶所，从此武夷山成了福建的茶叶生产、研究基地。

陈椽任职福建示范茶厂技师，在此期间，茶厂积极开展了茶叶生产、制作、销售、科研、组织茶农信贷等业务。在武夷山工作期间，陈椽见证了武夷岩茶的制作技术，他曾赞叹：“武夷岩茶的创制技术独一无二，为世界最先进技术。”

1941 年，吴觉农选址武夷山设财政部贸易委员会茶叶研究所，这是全国第一个正式茶叶科研所，集中了蒋芸生、王泽农、陈椽、林馥泉等一批专家、教授与茶叶专业人员。尽管在抗战期间条件艰苦，但武夷茶却迎来它的学术

福建示范茶厂奠基题词

早期茶叶论著与期刊

武夷山茶叶研究所遗址

黄金期。《整理武夷茶区计划书》(吴觉农)、《武夷茶岩土壤》(王泽农)、《武夷茶叶之生产制造及运销》(林馥泉)等作品中，学者们系统研究了茶叶的栽培、制造和贸易等课题，分析了土壤、环境、生产、市场对武夷茶的影响，提出了振兴武夷茶的方略，多篇文章见刊，取得了不少成果。在此期间，张天福带队研发的“九一八”揉茶机也试制成功，结束了中国几千年手工揉茶的历史。

1946 年 7 月，崇安茶叶研究所由农林部中央农业实验所茶叶试验场接管，改名为崇安茶叶试验场。张天福又奉命调回主事。张天福致力于岩茶生产，继续开展茶叶科研实验等。1949 年，中华人民共和国成立，茶叶试验场改为福建省人民政府实业厅崇安茶厂，张天福继任厂长，武夷茶也进入新的篇章。

## 五、当代制茶传承与创新

中华人民共和国成立以后，国家对武夷茶进行统购统销，主要用于出口换汇。在此期间，崇安茶叶研究所和崇安茶厂，一直努力致力于品种选育与改良、制茶技艺提升、茶园施肥管理等基础性工作的研究与推广。肉桂、水仙因其产量高、香气好、滋味厚，而逐渐取代传统名丛，成为武夷岩茶的当家品种，在 20 世纪 80 年代得到大量推广种植。1985 年，武夷山茶叶研究所从福建省茶叶研究所带回五株大红袍茶苗种植在武夷山御茶园名丛标本园内，经过多年的精心繁育与推广，到 20 世纪 90 年代，无性系大红袍已在武夷山广泛种植，名丛大红袍开始进入寻常百姓家。

改革开放以后，茶叶由统购统销转为自由贸易，茶叶生产、营销焕发出新活力。1990 年，南平市政府、武夷山市政府采取主打“大红袍”的战略，举办武夷山市岩茶节，收到良好的经济、社会效益。从此，政府开始向外主推“武夷山大红袍”品牌，把在武夷山所辖行政区域内生产的具有岩韵（岩骨花香）品质特征的武夷岩茶整体以“大红袍”品牌向外推荐。

1996 年，武夷山市景区管委会开辟了九龙窠大红袍茶文化旅游线路。

2001年，“武夷山大红袍”成功申报为地理标志证明商标。2002年，“武夷山大红袍”成为国家地理标志保护产品，并出台国家标准《武夷岩茶》（GB18745—2002），2006年被新标准《地理标志产品　武夷岩茶》（GB/T 18745—2006）替代，对大红袍进行有效地理保护。

地理标志产品标识

此外，为传承与保护好武夷岩茶（大红袍）的手工制作技艺，2006年，《国务院关于公布第一批国家级非物质文化遗产名录的通知》将“武夷岩茶（大红袍）制作技艺”列在传统手工技艺保护名录中，武夷岩茶（大红袍）制作技艺是首批手工技艺中唯一的制茶工艺。2008年，福建省文化厅公布第一批省级非物质文化遗产项目代表性传承人，陈德华、叶启桐作为武夷岩茶（大红袍）制作技艺传承人当选。2011年、2014年，武夷山市又分别授予对武夷岩茶发展和制作技艺有特殊贡献的一批传承人以“武夷岩茶（大红袍）制作技艺传承人”称号。

由于不断的对外宣传，武夷岩茶（大红袍）的影响越来越大，其茶园面积也不断扩大，产量不断增加，茶季劳动力越来越紧缺，1996年，武夷茶区首次引入修剪机和采茶机，如今它们在采茶区已普遍推广。传统岩茶手工制作工序繁复，劳动强度大，耗时长且受气候影响大。从20世纪70年代开始，武夷岩茶初制已逐步使用萎凋槽（雨天也可萎凋）、杀青机、揉捻机和烘干机等；现在较多使用综合做青机萎凋做青或做青温湿控制设备，采用计算机监控仪记录做青过程，采用色选机进行筛分风选，除了解决凭经验、靠天气做茶的难题，同时也大大提升了茶的制优率与制茶的劳动效率。

武夷学院茶树种质资源圃

2007年，武夷学院获批成为全日制普通本科院校，成为闽北唯一的集教学与科研为一体的本科院所。2009年，武夷学院茶学专业获批，学院现有茶学专业在校学生400多名，毕业学生1 000多名，茶学专业先后被评为国家级特色专业、福建省一流专业、福建省重点学科，拥有“茶叶福建省高校工程研究中心”“福建省茶学实验教学示范中心”等教学科研平台，并牵头组建了福建省2011年“中国乌龙茶产业协同创新中心”。由学院组建的科研团队先后获批“福建省级科研团队”“南平海西创业创新团队”，近年来共获得科技部、国家发改委、国家自然科学基金项目、中国博士后科学基金资助项目、福建省科技厅重大科技项目等省部级以上项目50多项，获福建省科学技术进步奖二等奖2项、三等奖3项，南平市科学技术进步奖5项。学院主编了《茶文化学》《茶叶企业经营管理学》《茶经导读》《茶叶营养与功能》《茶学综合实验》等国家规划教材5部，编著了《武夷茶大典》《第一次品岩茶就上

武夷学院掠影

手》《第一次品乌龙茶就上手》《茶文化旅游》《茶学概论》等著作5部，参编了《茶叶深加工学》《试验设计与统计方法》《民族茶艺学》《中华茶生态文化》《南平茶志》等多部图书，主编的行业蓝皮书《中国茶产业发展报告》被列入中国社科院理论创新工程。学院先后承办了全国茶学学科专业大会、吴觉农茶学思想研讨会等国家级活动，学院茶艺队节目曾多次荣获全国大学生茶艺技能大赛一等奖、二等奖、三等奖等多种奖项，并面向社会大众、高校学子开设大学慕课（网络公开课）“神秘的大红袍”科普武夷岩茶。武夷学院茶学专业的成立，对茶学专业人才的培养，以及武夷茶科学研究的进程、武夷茶品牌的宣传起到了较好的促进作用。至此，武夷山市形成了中华职校、武夷山旅游职业中专、武夷山职业学院、武夷学院组成的高中、中专、大专、本科完整茶学人才培养体系，共同助力武夷茶产业的发展。

2009年，福建省乌龙茶生产第一条全自动清洁化流水线启用，部分企业

金骏眉茶汤

初制阶段已可实现全机械化流水线生产。武夷红茶制作除了使用传统青楼，也大量使用现代萎凋槽、揉捻机、烘干机、筛分机等。经实践表明，茶叶机械采栽和加工，可显著提高生产效率和降低成本，因采摘及时而提高了鲜叶的采摘质量，加工过程中全程监测有利于成茶品质的稳定，岩茶、红茶生产由定性生产向科学定量生产发展。

此外，武夷茶还大胆创新，掀起国内饮茶时尚。如2005年，桐木关正山茶业有限公司大胆尝试用芽头制作的金骏眉，保留传统炭焙工艺，但舍弃松烟熏焙，成品茶色泽黑黄灰相间，汤色金黄透亮，“金圈”宽厚，滋味甜醇，香气独特，回味悠长。传统红茶清饮滋味浓强，多需辅以奶或糖冲饮，国人饮之较少。金骏眉因甜香的特点改变了传统红茶的风味，更接近国人清淡的口感，很快受到一部分人的喜爱，它的诞生，悄悄地改变着很多人饮茶的习惯，促使红茶在国内茶叶消费占比中逐渐上升。

# 第二章　武夷茶的传播

· 武夷茶的进贡

· 武夷茶的对外贸易

武夷茶的传播大致可以分为国内和国外两个方向，国内的传播主要是以宋朝的北苑贡茶和元朝的九曲御茶园最为著名。宋朝时，福建建阳人熊蕃（1106—1156）甚至专门编写了《宣和北苑贡茶录》来记录北苑贡茶的花色、上贡、品类和茶品等，还配了图形和大小尺寸。元朝在武夷山设立了九曲御茶园之后，北苑贡茶逐渐式微，到了明朝就彻底没落了。现代的武夷茶专指武夷山市行政区范围内生产的茶叶，包括武夷岩茶和武夷红茶。武夷茶向国外的传播主要有两条路线：一个是通过海路，即“海上丝绸之路”；另一个是通过陆路，即“万里茶道”。

# 第一节　武夷茶的进贡

## 一、宋代北苑凤凰山

### （一）历史溯源

福建省建瓯市东峰镇裴桥村焙前自然村的林垅山山坡上有一块高约3.5 m、宽约3 m的石碑，石碑全文80字，每字高24 cm、宽24 cm，为阴刻楷书。据碑文记载："建州东，凤凰山，厥植宜茶惟北苑。太平兴国初，始为御焙。岁贡龙凤上。东东宫、西幽湖、南新会、北溪，属三十二焙。有署暨亭榭，中曰御茶堂。后坎泉甘，宇之曰御泉。前引二泉，曰龙凤池。庆历戊子仲春朔，柯适记。"庆历戊子仲春朔即北宋庆历八年农历二月初一（1048年3月17日）。柯适是当时的福建转运使，在北苑监制贡茶。在林垅山脚下的"北苑御焙遗址"（北宋监管制茶的官署遗址）为全国重点文物保护单位。北宋熊蕃《宣和北苑贡茶录》记载："太平兴国初，特置龙凤模，遣使即北苑造团茶，以别庶饮，龙凤茶盖始于此。"北宋大观三年（1109）摩崖石刻《紫云坪植茗灵园记》记载："时在元符二载，月应夹钟，当万卉萌芽之盛，阳和煦气已临。前代府君王雅与令男王敏，得建溪绿茗，于此种植，可复一纪，仍喜灵根转增郁茂。"并题诗曰："筑成小圃疑蒙顶，分得灵根自建溪。昨夜风

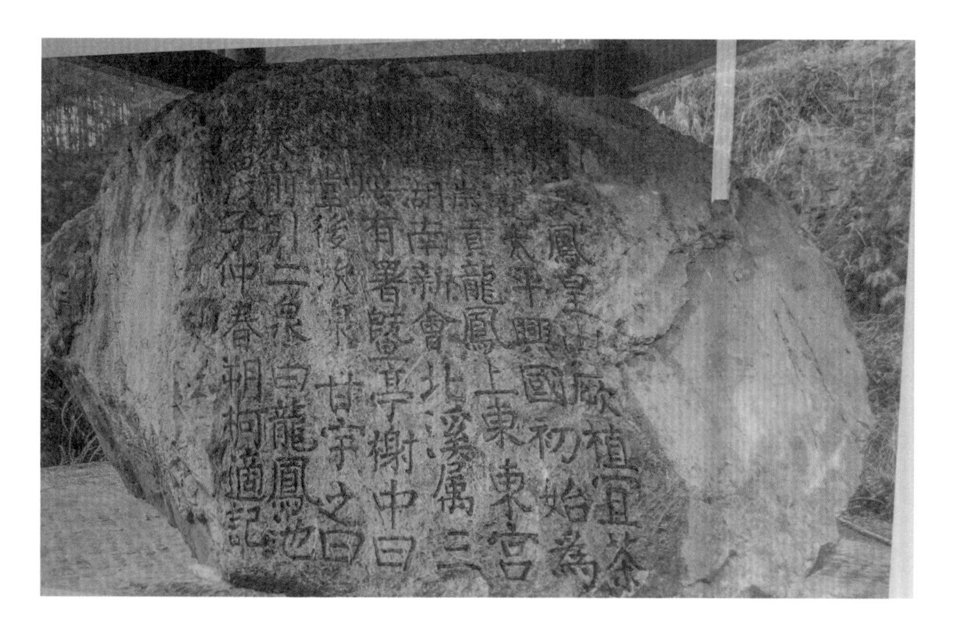

北苑茶事摩崖石刻

雷先早发，绿芽和露濯春畦。”可见，北苑凤凰山加工茶叶历史已经有 1 000 多年了，并且在北宋时期，北苑茶已经很有名气了。

### （二）地理条件

建瓯市水陆交通方便，物产丰富，历史上为闽北土特产品集散地，商业发达。宋代时就已形成谷货丝茶市场雏形。东峰镇凤凰山属低山丘陵，属亚热带海洋性季风气候，四季分明，雨量充足，2 月中旬—5 月上旬，气温 10～22℃，气候多变，年平均温度 22℃，无霜期长达 290 天。北宋宋子安《东溪试茶录》记载：“堤首七闽，山川特异，峻极回环，势绝如瓯。其阳多银铜，其阴孕铅铁；厥土赤坟，厥植惟茶。会建而上，群峰益秀，迎抱相向，草木丛条。水多黄金，茶生其间，气味殊美。”说明建瓯地区土壤为富含矿物质的赤红土，最适宜种茶；又说“独北苑连属诸山者最胜，北苑前枕溪流，比涉数里，茶皆气何弇然色浊，味尤薄恶，况其远者乎？”说明北苑不但适合种茶，并且“气味殊美”，为“连属诸山者最胜”；又说“凤山高不百丈，无危室绝巘，而岗阜环抱，气势柔秀，宜乎嘉植灵卉之所发也。又以建安茶品甲于天下，疑山川至灵之卉，天地始和之气，尽此茶矣。又论石乳出壑岭，断崖缺石之间，盖草木之仙骨。丁谓之记，录建溪茶事详备矣。至于品载，止云北苑壑源岭，及总记官私诸焙千三百三十六耳。近蔡公亦云，唯北苑凤凰山连属诸焙所产者味佳，故四方以建茶为目，皆曰北苑。”说明凤凰山生产的茶“茶品甲于天下”是因为被诸山环绕，气候湿而不涝，又加之气候多变，阴晴不定，形成的独特小气候正适合茶树喜湿怕涝，喜阴怕晒的特性。北苑茶农利用独特的地理条件优势培育出了白叶茶、柑叶茶、早茶、细叶茶、稽茶、晚茶、丛茶等优良的茶叶品种，并将蒸青茶叶研成末和膏，压制成茶饼，创制了研膏茶，创制出各种“香、甘、重、滑”的御贡佳品。

### （三）茶品及工艺特色

北苑贡茶品和数额，历朝并不一致。北宋至道年间（995—997）有龙凤、石乳、白乳等十二品，仁宗年间（1022—1063）北苑贡茶有十品：龙茶、凤茶、京铤、的乳、石乳、头金、白乳、腊面、去骨、次骨。北苑贡茶的要求极高，制作贡茶的茶青以小芽为最上品，其次为一芽一叶，再次为一芽两叶。采制分为采、拣、蒸、榨、研、造和过黄七道工序，宋徽宗《大观茶论》云：“（北苑茶）采择之精，制作之工，品第之胜，烹点之妙，莫不盛造其极。”

（1）采。宋熊蕃《宣和北苑贡茶录》云：“凡茶芽数品，最上曰小芽，如雀舌鹰爪，以其劲直纤锐，故号芽茶。次曰中芽，乃一芽带一叶者，号一枪一旗。次曰紫芽，其一芽带两叶者，号一枪两旗，其带三叶四叶，皆渐老矣。”宋黄儒《品茶要录》云：“茶之精绝者曰斗，曰亚斗，其次拣芽。”北苑茶区的茶芽主要供皇室享用，臣下能获得一芽一叶的茶品已经很难得了，宋周绛《补茶经》云："茶芽只做早茶，驰奉万乘尝之可矣。如一枪一旗，可谓奇茶也。"采茶的时间以黎明至日出之前为限，须用指甲采摘，茶叶采摘后立即投入装有新泉的罐中保鲜。宋徽宗《大观茶论》之"采择"载北苑采茶："撷茶以黎明，见日则止。用爪断芽，不以指揉，虑气汗熏渍，茶不鲜洁，故茶工多以新汲水自随，得芽则投诸水。"黄儒《品茶要录》亦记："盖清洁鲜明，则色香如故。故采佳者，常于半晓间冲蒙云雾，或以罐汲新泉悬胸间，得必投其中，盖欲鲜也。"

（2）拣、蒸。采下的茶芽清洗拣选后入甑蒸制，赵汝砺《北苑别录》云："茶芽再四洗涤，取令洁净。然后入甑，俟汤沸蒸之。然蒸有过熟之患，有不熟之患。过熟则色黄而味淡，不熟则色青易沉，而有草木之气。唯在得中为当也。"蒸是使鲜叶中酶失去活性，并可以蒸去鲜叶中的青草气，过生或过熟都不行。

（3）榨。茶既熟，谓之"茶黄"。"须淋洗数过（欲其冷也），方入小榨，以去其水。又入大榨出其膏（水芽则以马榨压之，以其芽嫩故也）。先是包以布帛，束以竹皮，然后入大榨压之，至中夜，取出，揉匀，复如前入榨，谓之翻榨。彻晓奋击，必至于干净而后已。盖建茶味远力厚，非江茶之比。江茶畏流其膏，建茶惟恐其膏之不尽，膏不尽，则色味重浊矣。"

（4）研。"研茶之具，以柯为杵，以瓦为盆，分团酌水，亦皆有数。上而胜雪，白茶以十六水，下而拣芽之水六，小龙凤四，大龙凤二，其余皆十一二焉。"

（5）造。"凡茶之初出研盆，荡之欲其匀，揉之欲其腻。然后入圈制銙，随笪銙过黄。有方銙，有花銙，有大龙，有小龙。品色不同，其名亦异。故随纲系之于贡茶云。"

（6）过黄。"茶之过黄，初入烈火焙之，次过沸汤爁之。凡如是者三，而后，宿一火至翌日，遂过烟焙焉。然烟焙之火，不欲烈，烈则面炮而色黑；又不欲烟，烟则香尽而味焦，但取其温温而已。凡火数之多寡，皆视其銙之厚薄。銙之厚者有十火至于十五火；銙之薄者亦八火至于六火。火数既足，然后过汤上出色。出色之后，当置之密室，急以扇扇之，则色泽自然光莹矣。”之后还有纲次、开畬和外焙三道工序。

北苑贡茶制作完成后要上贡皇室，所以还需要精细、华贵的包装，宋赵汝砺《北苑别录》云：“夫茶之入贡，圈以箬叶，内以黄斗，盛以花箱，护以重篚，扃以银钥，花箱内外，又有黄罗幂之，可谓什袭计珍矣。”

唐代贞元年间（785—804），建州开始生产研膏茶。五代末年开始造研膏茶，不久制腊面茶。宋太平兴国初年，北苑开始制龙凤茶；至道初，制“石乳”；宋庆历中，“小龙团”出现，取代了龙凤茶的地位；神宗元丰中，制“密云龙”，“其云纹细密，更精绝于小龙团也”；哲宗绍圣间又推出“瑞云翔龙”，在“密云龙”之上；徽宗大观初，开始崇尚三色细芽：“御苑玉芽”“万寿龙芽”“无比寿芽”，尤嗜白茶，认为可遇而不可求，《大观茶论》云：“（白茶）崖林之间，偶然生出，虽非人力所可致”；宣和间，制出“银丝水芽”和“龙团胜雪”。白茶与“龙团胜雪”为宋代名茶之冠，“茶之极精好者，无出于此”。至此，北苑的制茶技术达到了顶峰。

### （四）崛起及繁荣

北苑贡茶崛起最关键的人物是唐张廷晖（903—980），唐僖宗丁未年（887），其祖父张世表落籍建安县东苌里，即今福建省建瓯市水源乡水北村后山，开基立业，张廷晖少年时即随父上山开荒种茶。张廷晖勤勉踏实，在他的精心管理下，田庄茶园遍布建安的东溪流域，在凤凰山一带拥有方圆数十里的茶园和茶焙，成为远近闻名的茶焙业主。

唐末五代之际，闽国的闽王十分好茶，张廷晖经营的凤凰山茶园所产之茶，茶品上乘，被闽王看上，闽龙启元年（933），张廷晖将凤凰山及其周围方圆三十里的茶园献给闽国，闽王大喜，封张廷晖为“阁门使”。依旧让他管理茶园，开办皇室独享的御茶园。因凤凰山地处闽国北部，故取名北苑。凤

北苑贡茶古道

凰山在朝廷的支持下，北苑研膏茶在制作工艺上，得到很大提高。张廷晖在蒸青碎末茶向研膏茶演变发展中做出了很多努力和贡献。之后，闽国灭、宋朝立，开宝年间北苑御焙被宋朝廷接管，继续派漕官督造御品官茶。由此，北苑成为中国最著名的皇家御茶园，开创了两宋时代的龙茶盛世。

北宋咸平初（998），丁谓（962—1037）在建州任福建转运使，主司北苑茶事，开创了团饼茶的采制新工艺，研制了大龙凤团茶，专供皇帝御饮。丁谓系统地总结了团饼茶的生产经验，写出了对团茶生产起重要指导作用的茶学专著《建安茶录》。宋庆历年间，蔡襄（1012—1067）任福建路转运使之时，在建州监造小龙团茶进贡。茶品较之60年前太平兴国之时向朝廷御贡的大龙凤团茶更为精巧，制造一斤饼茶，需费工600多个，小龙凤团茶，其品绝精，每二十饼重一斤，每饼值金二两，连欧阳修也感叹其珍贵。欧阳修《归田录》载："茶之品，莫贵于龙凤，谓之团茶，凡八饼重一斤，庆历中，蔡君谟为福建路转运使，始造小片龙茶以进，其品绝精，谓之小团，凡二十饼重一斤，其价真金二两。然金可有而茶不可得，每因南郊致斋，中书、枢密院各赐一饼，四人分之，宫人往往缕金花于其上，盖其贵重如此。"欧阳修在《尝新茶呈圣俞》诗曰："夜闻击鼓满山谷，千人助叫声喊呀。万木寒痴睡不醒，唯有此树先萌芽。"宋赵汝砺《北苑别录》载："方其春虫震蛰，千夫雷动，一时之盛，诚为伟观。"《宋史·食货志》载："（龙团凤饼）太平兴国始置，大观以后制愈精、数愈多，胯式屡变，而品不一，岁贡片茶二十一万六千斤。"宋杨亿《杨文公谈苑》记载："（建州）迄今岁出三十余万斤，凡十品，曰龙茶、凤茶、京铤、的乳、石乳、头金、白乳、头骨、次骨。"宋宋子安《东溪试茶录》记载：南唐时建安郡官焙有38所，至宋建隆（960）以来，靠近北苑的仍然保留为官焙，远的则降为民焙。丁谓的《北苑茶录》记载了32所官焙，分别是：东山之焙十有四（北苑龙焙、乳桔内焙、乳桔外焙、重院、壑岭、壑源、范源、苏口、东宫、石坑、建溪、香口、火梨、开山），南溪之焙十有二（下瞿、蒙州东、汾东、南溪、斯源、小香、际会、谢坑、沙龙、南乡、中瞿、黄熟），西溪之焙四（慈善西、慈善东、慈惠、船坑），北山之焙二（慈善、丰乐）。北苑龙焙外以紧邻的壑源茶最为突出。宋子安《东溪试茶录》"序"称："四方以建茶为目，皆曰北苑。建人以近山所得，故谓之壑源。"壑源就是今天东峰镇的福源自然村，与北苑凤凰山御茶园仅一山之隔。壑源所产茶被时人称为"壑源白"或"叶家白"。据宋子安《东溪试茶录》记载，壑源茶以叶仲元、叶世万、叶世荣、叶勇、叶世积、叶相、叶务滋、叶团、叶肱等人制作的白叶茶最为著名。宋沈括《梦溪笔谈》曰："古人论茶，唯言阳羡、顾渚、天柱、蒙顶之类，都未言建溪。然唐人重串茶粘黑者，则已近乎建饼矣。建茶皆乔木，吴、蜀、淮南唯丛茭而已，品自居下，建茶胜处曰赫源（壑源）、曾坑，其间又'岔根''山顶'二品尤胜。”苏轼曰：“从来佳茗似佳人。”北苑茶得到皇室的大力推崇，宋徽宗在《大观茶论》序言中评道：“本朝之兴，岁修建溪之贡，龙团凤饼，名冠天下。壑源之品，亦自此而盛。”

### （五）北苑贡茶的衰落

明洪武二十四年（1391），明太祖诏天下产茶之地，岁有定额，以建宁为上，听茶户采进，勿预有司。茶名有四：“探春”“先春”“次春”“紫笋”，不得辗揉大小龙团，然而，祀典贡额，犹为故也。据《明史·食货志·茶法》记载，明太祖因为大小龙团制作劳民伤财而罢造，只命令采茶芽进贡。所以洪武皇帝体恤民生的命令直接导致北苑龙凤茶走向衰落。《闽小记》记载：“先是建州贡茶称北苑龙团，而武夷石乳之名未著。至元设场于武夷，遂与北苑并称，今则但知有武夷，不知有北苑矣”。

清周亮工《闽茶曲》云：“龙焙泉清气若兰，士人新样小龙团。尽夸北苑声名好，不识源流在建安。”明太祖罢贡龙团凤饼，北苑茶焙开始衰落，至今北苑只留村名焙前、后焙。

## 二、元代九曲御茶园

清蒋衡《记十二观》叙述：“元时武夷兴而北苑废。”宋元改朝换代，北苑贡茶从此没落。元成宗1297年开始在武夷山筹建御茶官焙，大德五年（1301），创皇家焙局于武夷山四曲溪畔，不久更名为“御茶园”，年进贡茶叶达5 000饼，北苑则交地方官府营办。至此，武夷山御茶园成为“龙团”的御用定点生产单位，武夷山也由此声名鹊起并走上历史舞台。

### （一）御茶园

武夷山御茶园位于福建武夷山九曲溪的四曲溪畔，是元、明两代官府督制贡茶的地方。御茶园建于元朝，元亡明兴，贡茶制度仍沿袭前朝。元至元十六年（1279）浙江省平章高兴路过武夷山，监制了“石乳”数斤入献皇宫，深得皇帝赏识。从此，他在掌管武夷茶事的同时，又派亲信插手武夷茶务，并命令崇安县令亲自监制贡茶。元大德五年（1301），高兴的儿子高久住任邵武路总管之职时，到武夷山督造贡茶。第二年即元大德六年（1302）在武夷山九曲溪四曲南岸一块依山傍水的平地，辟为“御茶园”。御茶园里建起了“焙局”；盖起了仁风门、拜发亭、清神堂、思敬亭、培芳亭、燕嘉亭、宜寂亭、浮光亭、碧云桥；又挖了通仙井，上面建龙亭覆盖着，所有亭台楼阁，雕龙画凤。御茶园的建筑巍峨华丽，完全按照皇家的规格模式设计和构造，“御茶园”设有场官、采茶官、监制官及工员，由场官主管岁贡之事。此时的武夷茶单独以“武夷”的名称，成为贡御之品入献朝廷。明代，朝廷设有茶马司，专管茶叶贸易事务，武夷山仍由“御茶园”创制茶品入贡。明洪武二十四年（1391）皇帝朱元璋诏令，罢造龙团凤饼茶，改芽茶（散茶）入贡，当时茶名有“探春”“先春”“次春”“紫笋”，其后，又创制“雨前”“松第”“灵芽”“仙萼”等。明代《茶考》说：“宋元制造团饼稍失真味，今则灵芽、仙萼香色尤清，为闽中第一。于是，武夷茶贡额累增。到了明嘉靖三十六年（1557）建宁知府（崇安县当时归属于建宁府）巡查武夷山时，发现御茶园由于疏于管理，加之管理人员贪婪盘利，混扰茶事，致使茶树枯败，茶山荒芜，遂令取消御茶园。历250多年的御茶园渐衰败废落。

如今武夷山御茶园遗址尚在，从云窝天游景区的大路口左侧进入，可看见一座牌坊，并树有一碑，正面书“御茶园遗址”，以示纪念。在福建省科委，福建省农业厅等有关业务部门的支持下，1980年武夷山茶叶科学研究所重整了武夷山御茶园，征集了历代有代表性的名丛216种，武夷岩茶的著名名丛、单丛名录，重植于武夷山御茶园。1990年1月3日，84岁高龄的原中国佛教协会会长赵朴初老先生在武夷山御茶园饮茶后，写下了《闽游杂咏》（即《武夷山御茶园饮茶》）这首诗。在饮茶中，赵老还兴致勃勃地向陪同者解释“茶寿”中的“茶”字代表高寿108岁的内涵。

御茶园

## （二）元代御茶园喊山仪式

元代，武夷山制作、饮用的仍然以饼茶为主，因此冲泡品饮方法大体与宋代相同，茶艺表现形式也承传了宋代的斗茶、分茶。

由于高兴的举荐，武夷茶得到了元世祖忽必烈及朝中大员的青睐，被元朝廷钦定为贡品，并在武夷山四曲南畔兴建规模宏大的御茶园，自此唐宋闽的民间祭茶敬神仪式，在武夷山被官家采纳、规范，喊山风俗也正式成御茶园一种祭祀。

喊山，是一种古老的祭祀风俗，旨在祈求神灵保佑茶事顺利，希冀茶叶发芽茂盛丰收。

喊山始于唐而盛于宋。唐代顾渚山贡焙，每年惊蛰，湖、常两州太守会于境会亭，致祭涌金泉，祈求泉水畅涌而清澈。祭毕，鸣金击鼓，随从官吏、夫役及茶农扬声高喊“茶发芽”，此为喊山之俗。宋代的建州凤山茶山也有喊山之俗。

元、明的武夷山御茶园喊山之俗成了官方的一种成规的祭祀活动，极为隆重。为了喊山之需，时建宁府总管与崇安县令张端本，特意在御花园后山建有喊山台，“台高五尺，方一丈六尺”，亭其上，环以栏，植以花木。场“左大溪，右通衢，金鸡之岩耸其前，大隐之屏拥其后。林甍翚飞，基址壮固……”

兴建喊山台，目的在于“喊山”。每年惊蛰之日，御茶园官吏偕县丞等，率茶园员工，前往喊山台，供以三牲、酒馔，点香燃烛，顶礼膜拜，宣读祭文。文曰：“惟神，默运化机，地钟和气。物产灵芽，先春特异。石乳留香，龙团佳味。贡于天子，万年无替。资尔神功，用申当祭。”祭毕，隶卒鸣金击鼓，燃放鞭炮。主祭率领官员、场工高声呼唤“茶发芽啰！”“茶发芽啰！”喊声响彻云霄，回荡于山谷。在萦绕回荡的喊山声中，喊山台旁的“通仙井”的井水会慢慢上溢，甚为奇异，古人誉之乃茶神之力所为也。今人诠释之：由于时节已届惊蛰，地气回升，加之祭祀时火炙烟熏、人气旺盛，造成地温增高，从而致使井水上溢，这是可能发生的自然现象。“茶神享醴，井水上溢”无非是一种蒙上一层迷信色彩的说法，不足为信。尔后，当地之人又将“通仙井”誉为“呼来泉”，传为奇观，“通仙井”现仍受到完好的保护。

喊山风俗，在武夷山御茶园延续二百多年，成了武夷山典型茶事风俗，同时还被当地茶农、茶商、厂家演绎为各种祭祀茶神、山神的仪式。例如祭祀茶神杨太白、拜祭茶王大红袍等。

# 第二节　武夷茶的对外贸易

## 一、中俄“万里茶道”

“万里茶道”是17世纪末到20世纪初由清代晋商所开辟，继丝绸之路衰落之后在欧亚大陆兴起的又一条重要的国际商道，以运输茶叶为主，跨越中俄蒙三国。从福建崇安县（治今福建武夷山市）起，途经江西、湖南、湖北、河南、山西、河北、内蒙古，从伊林（治今内蒙古二连浩特）进入今蒙古国境内、沿阿尔泰军台，穿越沙漠戈壁，经库伦（今蒙古国乌兰巴托）到达中俄边境的通商口岸恰克图（今为俄蒙边境口岸）。全程约4 760 km，其中水路1 480 km，陆路3 280 km，茶道在俄罗斯境内继续延伸，从恰克图经伊尔库茨克、新西伯利亚、秋明、莫斯科、圣彼得堡等十几个城市，又传入中亚和欧洲其他国家，使茶叶之路延长到6 500 km之多，成为名副其实的“万里茶道”。途经两百多座城市和集镇，中国的茶文化就是通过此路传遍世界各地的。由于主要经营者是山西商人，所以也称为“晋商万里茶道”。

2012年7月，国家文物局在湖北省赤壁市召开了万里茶道沿线八省区——福建、江西、湖北、湖南、河南、山西、河北、内蒙古的文物局长会议，专题研究将中俄茶叶之路定名为“万里茶道”。

## （一）“万里茶道”的由来及发展

### 1. 俄国饮茶风尚的形成

俄国人喝茶的习俗还要从中国的武夷茶说起。17世纪初期，中国的茶文化正处于发展的高峰期，随着中俄两国贸易的开展，茶叶经由西伯利亚直接传入俄罗斯，据史料记载，茶叶第一次走进俄罗斯是被作为皇室礼品的形式，由此足见茶叶在古时候的珍贵性。明万历四十六年（1618），中国公使携数箱茶叶，经过蒙古，穿越西伯利亚，历经18个月的路程，将茶叶赠送给俄国沙皇，由于当时俄国从未有人饮茶，并未引起重视。公元1638年，一位俄国贵族从蒙古商人手中换得两大桶武夷山的茶叶，作为礼物送给了沙皇，沙皇品尝之后如获至宝，于是，武夷茶的大名在俄国上流社会中迅速传播开来。当时，茶叶十分昂贵，只有王公贵族、地方官吏才买得起，直到18世纪50年代，武夷茶产量增加了，而且逐步走向了市场，曾经神秘的东方饮品，已经不仅是上流社会的钟爱，也开始出现在大多数平常家庭的餐桌上。而且，俄罗斯比较寒冷，蔬菜缺乏，相对而言吃肉比较多，武夷茶发酵度比较高，咖啡碱（咖啡因）、茶多酚比较高，有利于俄罗斯人的饮食消化，也有利于提高人体需要的热量，饮茶逐渐成为俄国风尚。

### 2.“万里茶道”的开辟

山西的地理位置“极临北边”，北靠广阔的蒙古草原，南接中州，位于蒙古草原游牧经济区域与中原农业手工业经济区域的中间地带，自古以来就是南北区域物资交流的重要通道。山西商人（以下简称晋商）的商贸活动历来十分活跃。清康熙时起，以晋商为主的旅蒙商为清廷驻守边疆的军队提供粮草给养，取得在边境地区做边贸生意的权利，大量做起了以货易货的草原生意，以烟茶粮棉、盐铁制品换取毛皮牲畜。18世纪中期，茶叶已成为以食肉为主的蒙古、俄罗斯各民族生活中不可缺少的必需品，晋商在长期的草原边贸活动中了解到蒙古、俄罗斯各民族“宁可三日无米，不可一日无茶”的生

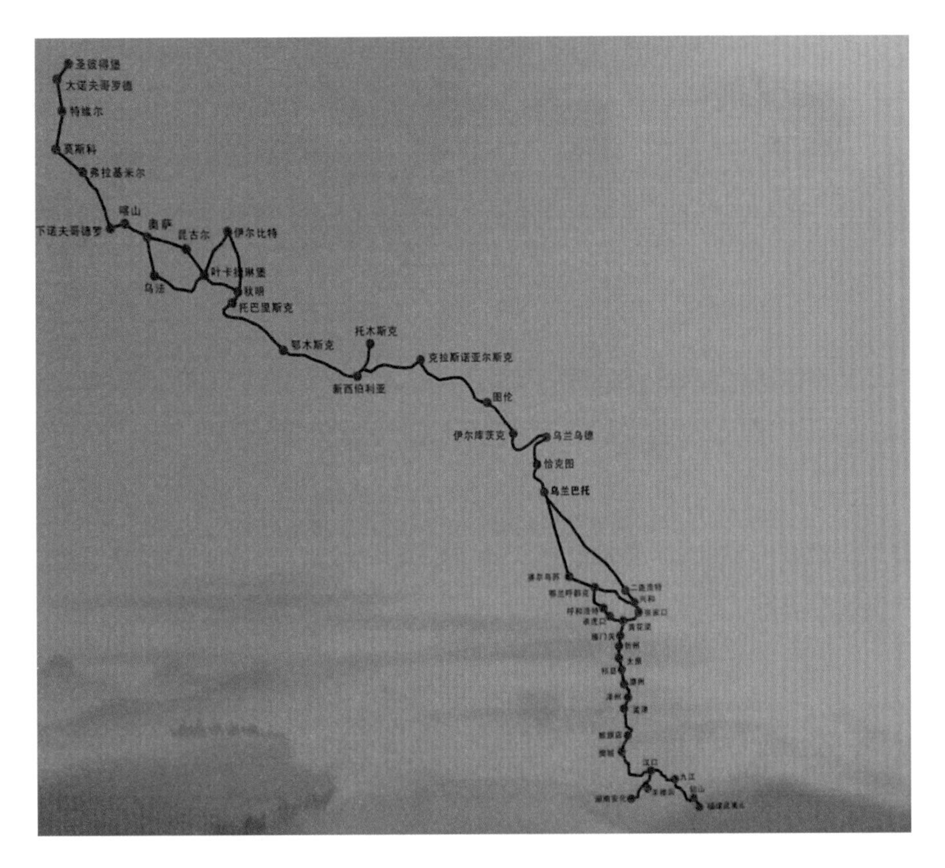


中俄万里茶道线路图

活习惯，对茶叶有巨大的需求，开始做起了茶叶生意。

清雍正五年（1727）《中俄恰克图条约》的签订，打开了中俄的贸易壁垒，双方同意在恰克图中方一侧建买卖城，开始大规模的茶叶贸易。早就在张家口做草原生意的以榆次常家为代表的晋商常万达以敏锐的眼光捕捉到这一商机，以超常的胆识和魄力，和其他晋商一道开始了开拓“万里茶道”的漫漫征途。常万达联手下梅邹氏在武夷山购买茶山，在下梅设茶庄，精选、收购茶叶，建厂制茶，建立了稳定的茶叶生产基地。同时，还与沿途的经销商和船帮、车帮、驼帮精诚合作，由下梅茶市为起点，通过梅溪水路汇运岩茶至崇安县城，验押之后，雇佣当地工匠千余人，用车马将茶运至江西铅山河口（治今铅山县河口镇），再由船帮改为水运到“茶叶港”汉口，再经汉水运至襄樊和河南唐河、社旗，上岸由骡马驮运北上，经洛阳，过黄河，越晋城、长治、太原、大同、张家口、归化城（今呼和浩特），再改用驼队穿越1 000 km的荒原沙漠，最后抵达边境口岸恰克图交易。俄商再贩运至伊尔库茨克、乌拉尔、秋明，直至遥远的莫斯科和圣彼得堡。

### 3. “万里茶道”的变迁

万里茶道可分前、后两个时期。前期路线：雍正、乾隆朝（1723—1795），晋商将闽北茶叶先集中到武夷山下梅村，至汉口装船至恰克图；后期路线：咸丰朝（1851—1861），改以两湖就地加工茶砖，抵张家口转恰克图出口。

（1）前期：起点下梅。清康熙、乾隆年间，下梅村曾是武夷山的茶市，兴盛一时，下梅，由于该村在梅溪下游，故名。据《崇安县志》载：“康熙十九年间，其时武夷茶市集崇安下梅，盛时每日行筏三百艘，转运不绝。”由此可见，当年以茶叶交易为中心的经贸活动在下梅十分活跃。下梅村中央有条人工运河当溪，有8个码头，装卸繁忙。当溪的水面宽不过8 m，长1 000 m，自公元1680年开通后就被当作一条水运通道，四方商贾通过这条水运通道在下梅进行商贸活动。衷干在《茶市杂咏》中记述：“清初茶市在下梅，附近各县所产茶，均集中于此。竹筏三百辆，转运不绝。茶叶均系西客经营，由江西转河南运销关外。西客者山西商人也，每家资本约二三十万至百万。货物往还络绎不绝。首春客至，由行东赴河口欢迎。到地将款及所购茶单，点交行东，恣所为不问，茶事毕，始结算别去。”

这段时期的茶路不仅带动了沿途经济的发展，还促进了国际贸易交流和文化的发展。多数茶商与各地经常保持着很好的关系，他们之间互惠互利，你中有我，我中有你。在传统的农耕经济时代，茶路成为一扇面对外界的窗户，大大拓宽了人们的眼界。黄河两岸的风俗传统，大江南北的人情百态，甚至俄罗斯的奇闻轶事，都沿着这条茶叶之路传播开来。这条路不仅是一条

下梅当溪

经济之路，更成为一条连通欧亚的文化之路，此外，万里茶道还推动了运输业、餐饮业、住宿业，以及与其他产品互市互换的发展。

现今的下梅村仍保留具有清代建筑特色的古民居30多幢。这些集砖雕、石雕、木雕艺术于一体的古民居建筑群，清代茶市风貌街，是下梅村最具代表性的一道风景，是武夷山文化遗产的一部分。作为万里茶道历史见证的下梅村，今天已经成为国家历史文化名村，每天吸引着大量游人的观光。

（2）后期：起点两湖地区。清咸丰年间（1851—1861），受太平天国战事的影响，福建茶区遭受兵燹，茶路一度中断，但是俄国市场对砖茶的需求未减。精明的晋商决定将茶源转移到同样也是产茶区、水运更加便捷的两湖地区。晋商选择了湖南洞庭湖边的安化和湘鄂赣三省交界的羊楼洞，这里的地理位置在北纬30°，有利于茶叶生长的气候、土壤、水质，这种地理环境具有不可取代性，所以茶叶质量优良。晋商在两湖地区投资茶叶种植加工，运茶的路程较武夷山减少了 500 km，运费大大降低。由陆水湖运往汉口集中，再从襄河运到樊城，登上陆地后改用畜驮，经河南、山西进入内蒙古，再换上驮队，在沙漠行走 1 000 km，到达中俄边境恰克图交易。继而，俄商将其贩卖到莫斯科、圣彼得堡。

同时，随着鸦片战争的到来，俄商也开始直接深入中国内地采购、制作、贩运茶叶。1863 年，俄国商人也来汉口和羊楼洞开设茶厂，羊楼洞成为湘鄂赣三省交界地区的茶叶集散加工中心，商业繁荣，人口有 3 万多人，有“小汉口”之称。茶厂采用工业化机器制造砖茶，俄商没有走晋商取道汉江北上的运茶路线，他们认为这条路线路途漫长而艰险，路上耗费的时间长，成本高，他们改走长江的黄金水道，从汉口顺流而下到上海，再北上天津，从紫竹林登陆走海河，到北京东南的通州（治今北京市通州区），将砖茶再通过 1 400 km 的张库大道，北上 300 km 至恰克图，从路程和时间上比晋商的运茶路线 节省了许多。相比之下，俄商制造出的茶叶物美价廉，运输成本低，因而垄断了茶叶的对外贸易，也抢了晋商们的生意。

19 世纪后半叶，随着海上路线的开通、边界口岸的增多和天津港的对外开放，通过张家口运往库伦、恰克图的货物逐渐减少。1903 年，西伯利亚铁路建成通车，中俄商品运输经符拉迪沃斯托克（海参崴）转口，进一步夺去了张家口至库伦、恰克图的运输业务，彻底改变了“万里茶道”的格局。俄国的茶商不再走汉口—襄阳—赊店（治今河南社旗赊店镇）—晋中—归化城—库伦（今蒙古国乌兰巴托）—恰克图的路线，而选择了汉口—上海—天津—符拉迪沃斯托克（海参崴）—圣彼得堡的路线，此后传统的“万里茶道”逐渐衰落。

“万里茶道”在经历 200 余年的辉煌后开始了不可避免的衰落。首先，客观上是列强的侵略、清政府的腐败，使中国社会动荡不安，俄蒙社会的变革（1917 年俄国十月革命，1921 年外蒙古宣布独立）又使在蒙俄的晋商蒙受了巨大的损失。其次，经长江出海到符拉迪沃斯托克（海参崴）的海运和西伯利亚大铁路的开通大大降低了茶叶的运输成本，“万里茶道”失去了原有的优势。再次，俄商在华的机械制茶（仅在汉口就开设六家机制茶砖厂）效率远远高于手工制茶。此外，南亚（印度、锡兰等）茶叶的竞争也对华茶形成巨大的压力。最后也是最重要的一点，晋商面对困境，缺少与时俱进的创新能力，应是晋商衰败及万里茶道衰落的主要原因。

### （三）“万里茶道”上的重要人物

#### 1. 晋商

从距离上看，晋商并不是离产茶地福建最近的商人群体，相反山西与福建两个省，一个在南一个在北，由福建山区运出的茶叶经水路至河南赊店后，还要换驼队穿越茫茫的草原和戈壁，路况艰难复杂，更难应付的还有沿途的各路匪盗，虽是一本万利的买卖，但也担着途中丧命的风险，何以在当时既不是闽商，也不是对茶叶奉若上帝的俄罗斯商人，而是一群和茶叶的生产几乎没什么关系的晋商？

晋商兴于明，发展到清代，已成为国内势力最雄厚的商帮。这一时期，晋商雄居中华，饮誉欧亚，辉煌业绩中外瞩目，“生意兴隆通四海，财源茂盛达三江”是对他们的真实写照。晋商之所以成功，除了诚信、团结和吃苦耐劳的精神，还因为其对汉人以外的两大族群——蒙古人和俄国人有所了解，同时会讲汉语、蒙古语和俄语。茶叶之路上流传着这样一首民谣：

> 一条舌头的商人吃穿刚够，
>
> 两条舌头的商人挣钱有数，
>
> 三条舌头的商人挣钱无数。

“一条舌头”是指只会讲汉语，“两条舌头”是指既会讲汉语又会说蒙语，而“三条舌头”则是指不但会说汉语、蒙古语，还会讲俄语。“三条舌头”代表的不仅仅是三种语言之间的转换，还包括对蒙古人和俄国人的了解，对草原上的习俗和俄国国情的了解，以及各方面调控运作的能力。在这里“三条舌头的商人”代指茶叶之路上那些具备雄厚的资金实力，从福建的山区一直贩卖茶叶到恰克图，直接与俄国人做生意的大商人，而这样的大商人几乎都属于晋商，其中，有着“万里茶道第一人”之誉的常万达及其子孙们（榆次车辋常家）更是为“万里茶道”的繁荣作出了重大贡献，在“万里茶道”上创造了一个又一个的辉煌业绩。根据《崇安县志》记载，在常家的带动下，山西的另外一些商业家族，乔家、渠家、范家等，也先后来到武夷山加入万里茶道的征途中。这些家族和常家一起，把商号开遍大江南北，甚至还开到了俄国，建立起一个纵横天下的商业帝国。往返运送的货物中，武夷茶是其中最重要的货物。据统计，19 世纪初，每年由晋商运到俄罗斯的各种茶叶已经达到 20 万担。

**2. 晋商代表：榆次车辋常家**

据《山西外贸志》载：在恰克图从事对俄贸易众多的山西商号中，经营最长，历史规模最大者，首推榆次车辋常家。常氏一门历经乾隆、嘉庆、道光、咸丰、同治、光绪、宣统七代，沿袭一百五十多年。尤其在晚清，在恰克图十数个较大商号中，常氏一门独占其四，堪称清代晋商中的“外贸世家”。《中俄恰克图条约》签订后，山西榆次常氏审时度势，与经营岩茶的巨贾崇安县（现武夷山市）下梅村邹氏景隆茶商合作，建立茶商贸易伙伴关系。之所以选择了下梅的邹氏，是因为双方在诚信的基础上缔结了茶缘，另外，也源于邹氏的资源优势、下梅的风水及便捷的水运路线。乾隆年间，恰克图被清政府定为中俄贸易的唯一地点。常万达看出了其中蕴藏的巨大商机，他将张家口经营的“大德玉”字号改为茶庄，倾其资财来到恰克图，实现了由内贸到外贸的转变。常万达向俄商出口茶叶，兼营绸缎，由俄方引进皮毛、银锭，有出有进，获利甚丰。常氏先后增设大升玉、大泉玉、大美玉、独慎玉商号，形成了常氏“玉字”连号，遍布苏州、上海、汉口等地，独慎玉还在莫斯科设立了分店。

邹氏茶庄号“景隆号”遗址

### 3. 下梅景隆茶商邹氏

《崇安县新志》:“下梅邹姓原籍江西之南丰，顺治年间邹元老由南丰迁上饶。其子茂章复由上饶至崇安以经营茶叶获资百余万，造民宅七十余栋，所居成市。”早年邹氏因饥荒从江西南丰逃难到武夷山的下梅村，凭着吃苦耐劳、肯动脑子，以及从老家带来的一点茶叶种植技术，邹家逐渐在下梅村站稳了脚跟。经历过那段艰难创业的日子，当年挑茶用的梅木扁担和麻绳，被放置在下梅邹氏家祠祖先牌位的正中，成为永远激励后代子孙不忘艰苦的精神财富。

在与山西常氏的合作中，常氏的雄厚资金吸引了想要扩大经营规模的邹氏，两家一拍即合，不久之后，常氏和邹氏联合经营的“素兰号”成为武夷山最大的茶庄。

邹氏家祠遗址

## （四）“万里茶道”的价值

### 1. 建筑遗迹

首先，“万里茶道”的起点下梅村，其人文地理建筑遗产的典型代表就是邹家祠堂和梅溪。作为下梅昔日辉煌的见证，邹家祠堂记录了一个家族的历史，镌刻了下梅茶叶贸易的兴衰。其次，位于汉口的巴公房子，在中俄汉口茶叶贸易繁盛的19世纪里默默地见证着中俄茶叶贸易史中汉口地区的兴衰。再次，作为水陆转运的重要节点河南赊店，至今仍然保留着明清时期的建筑风格，著名古建筑山陕会馆，更是清代以来行走于万里茶道的商旅的见证。最后，作为万里茶道的晋商故里山西，至今保留的关于万里茶道的遗迹分布于晋中地区的山西大院。自古晋商便具有浓厚的乡土情结，富商大贾在发家致富后，便回到老家大兴土木、建房造舍，在中俄茶叶贸易中发家的晋商自然也不例外。这些建筑所体现的建筑风格、美学和文化价值都是值得当今人学习和研究的。

### 2. 促进不同民族间的文化交流

万里茶道在推动茶叶贸易的同时，在某种程度上成为文化交流的使者，除了进行茶叶贸易外，还将字画、纸张、笔墨等作为大宗商品，与茶叶一起进行往来买卖。除此之外，茶叶贸易促进了戏曲、收藏、民俗、绘画、诗歌、医学等方面的频繁交流，在其传播中发挥着重要的作用，促使湘楚文化、秦晋文化、岭南文化、游牧文化之间相互交流、传播和融合。至今，内蒙古的牧民选购茶叶时，川牌茶砖仍是他们的不二之选，便是这一文化渗透力的真实写照。

## （五）“万里茶道”再掀热潮

### 1. “万里茶道”的宣传

2012 年，中央 10 套科教频道播出了纪录片《茶叶之路》，该片以“茶叶之路”的兴衰历史为线索，沿着“茶叶之路”的主要路线，从福建武夷山出发，沿途拜访茶路遗存。此次文化之旅中，分别有中、蒙、俄三位体验者，通过他们的参与和视角，寻访茶叶之路有关的遗址遗迹、茶叶贸易的形式，以及与茶叶有关的故事和民俗等。在节目的宣传上，节目组利用微博、博客等多种形式发表文章、图片和视频等，与观众互动，使观众与“万里茶道”近距离接触。2014 年 1 月，武夷山“万里茶道”形象宣传片发布，简洁明晰、形象直观地向观众展示了从“万里茶道”起点武夷山开始，经江西、河南、湖南、山西等省份，穿越蒙古戈壁草原，由东向西延伸，横跨西伯利亚通往欧洲和中亚各国，抵达俄罗斯的图景。该片由武夷山市电视台创意制作，以武夷山市长峰会致辞、国际城市联盟代表携手、古道、地图等元素构成，片尾推出“打造‘万里茶道’品牌，加快建设国际旅游度假城市”的宣传语。

之后，该片也在其他各大网站相继播出。通过此举，不断扩大武夷茶及“万里茶道”的知名度和影响力。

### 2. “万里茶道”的现实意义

自2012年起，由中国发起并承办“万里茶道”与城市发展中蒙俄市长峰会，每年举办一次，每届有不同主题，但都与复兴“万里茶道”相关。目的是进一步弘扬“万里茶道”文明，发挥武夷山作为“万里茶道”起点的独特优势和重要作用，强化“万里茶道”沿线城市和地区的文化、旅游、经贸等交流合作，共同开发贯通亚欧大陆的“万里茶道”国际旅游黄金带，促进文化传承、经济合作、共赢发展。

2013年4月28日，重走“万里茶道”在二连浩特伊林驿站举行了隆重的出征仪式。2018年4月28日，纪念重走“万里茶道”5周年活动暨改革开放40周年系列活动启动，中蒙俄三国的60多名记者对重走“万里茶道”活动进行了采访报道，内蒙古、北京、湖南、湖北、福建等地的茶商、企业负责人，以及“万里茶道”的专家和二连浩特的市民近8万人见证了驼队出征的盛况。重走“万里茶道”的意义在于再次复活沉睡百年的“万里茶道”，重新打通亚欧茶路的大通道，以“原生态”方式传播中国文化，振兴亚欧经济。纪念重走“万里茶道”活动，以“原生态”方式传播中国文化，振兴亚欧经济的同时，自觉承担起了珍惜生态环境、保护地球家园的重任。

2019年3月，国家文物局发函，正式同意将“万里茶道”列入《中国世界文化遗产预备名单》。“万里茶道”申报世界文化遗产涉及我国8个省区，湖北是“万里茶道”申遗的牵头省（区），已逐步建立起万里茶道（中国段）联合申遗联络协调机制。

## 二、海上茶叶之路

海上茶叶之路与海上对外贸易的拓展密切相关，其历史萌芽、发展、演变与海上丝绸之路的形成几乎同频共步，甚至在一定程度上可以说，海上丝绸之路即是海上茶叶之路，二者实为一体。而所谓海上丝绸之路是指古代中国与世界其他地区进行经济文化交流、交往的海上大通道。两千多年前，一条以中国徐闻港、合浦港等港口为起点的海上丝绸之路成就了世界性的贸易网络。海上丝绸之路从中国东南沿海，经过中南半岛和南海诸国，穿过印度洋，进入红海，抵达东非和欧洲，成为中国与外国贸易往来和文化交流的海上大通道，并推动了沿线各国经济、政治、文化、宗教等的交流与共同发展。据史料记载，我国海上丝绸之路的最早名称源自唐代，即“广州通海夷道”的海上航路。宋元时期，由于航海技术大幅度提升，古代中国已经同世界60多个国家有着直接或间接的“海上丝绸之路”商贸往来，伴随丝路贸易网络的不断拓展，海上茶叶贸易也愈发旺盛。

### （一）福建与海上丝绸之路

海上丝绸之路又称“香药之路”“陶瓷之路”，其形成、发展与演变自有历史源流，迄汉唐至明清，流脉清晰可辨。

自两汉时期岭南地区被纳入中国版图而得到初步开发伊始，中国渔民便在南海上作业活动，从事渔业生产。魏晋南北朝时期，由于中原汉族的南迁和北方战乱对陆上丝绸之路的破坏，使得海上丝绸之路空前活跃。而东晋法显大师西游古印度后从南海回国，更是说明此一历史时段，海上丝绸之路已经从中国南海经马六甲海峡发展到了南亚次大陆。隋唐五代时期，西域战争频繁，“陆上丝绸之路”受梗阻而不得不将更多贸易转移至海上，而经济重心逐渐东迁南移，又促使南方经济进入一个迅速发展时期，加之航海技术的进步升级，诸多此类外部因素使得南方的海上丝绸之路获得新的发展际遇。唐代很多波斯和阿拉伯商人从海上来到中国，居住在广州，说明这一时期海上丝绸之路发展到了西南亚和东北非印度洋沿岸。而福建海外贸易的发展在唐五代时期亦可算作一高峰期，港口趁机迅速新兴崛起，这就为福建此后海上茶叶贸易的开展打下了坚实基础。

唐代是我国古代社会鼎盛时期，社会安定、经济繁荣，文化多元，科技发达，为海外贸易的发展提供了坚实的基础保障。此时，福建沿海诸区域的对外交通和贸易也快速发展，通商地区不断扩大，海上贸易网络的国家也日益增多。福建海外交通除了与中南半岛、马来半岛诸国的传统航线之外，还开辟了多条新航线，主要有新罗（位于今朝鲜半岛）、日本、三佛齐（位于今苏门答腊岛和马来半岛南部）、印度、大食（阿拉伯帝国）等。当时的福州异国商人云集，且南海诸国使臣从福州上岸朝贡唐廷更是非常频繁的事情。唐嗣圣元年（684），漳州还未建制［唐垂拱二年（686）分泉州置，治漳浦县（今福建云霄县）］之时，一个名叫康没遮的胡商便来到了此地。由此可知，漳州港作为泉州港的外围港，在未成为正式对外贸易港的情况下，自唐初就显现出了对外航运活动迹象。五代时期，闽国创建人王审知实行"保境息民"的政策，重视海外贸易，开放了泉州、福州甘棠等港，东南各港随之兴起。此时，泉州人凭借中原文化和刀耕火种的古越文化融合而产生的勇于奋斗的精神，充分利用"负山跨海"的自然条件和优良的港口条件，耕海牧洋，使泉州发展为当时中国的海船制造中心、丝织业中心和陶瓷生产的重要基地，泉州港也逐渐成为一个闻名海内外的贸易大港。福建泉州港、漳州港的兴起与发展，是福建海上茶叶贸易发展的前提保障。

海上丝绸之路在两宋时发展稳定、成熟，福建海上港口贸易也达到发展巅峰时期。两宋时代由于经济重心南移的完成，宋政府更加重视对外贸易经济发展，制定了许多鼓励政策，海外贸易往来遍及东亚、东南亚、西亚等地。阿拉伯商人也从印度洋来到西太平洋，将市场延伸到中国沿海各港口，"海上丝绸之路"由此兴起并逐步发展成熟。一个以这条商路为纽带的国际性东方市场逐渐形成，不仅取代"陆上丝绸之路"成为中西交通的主要通道，且经由此路的贸易竟上升为南宋政府的重要财政来源。北宋时期，漳州是一个重要的对外贸易港口，海外贸易已十分活跃，为此宋政府曾在漳州置"黄淡头巡检”，维护航道安全并负责招徕海商，于每年夏天下海“招舶”。直至南宋后期，“泉、漳一带，盗贼屏息，番舶通行”，有许多漳州舶商到海外诸国贸易，他们必领先到泉州市舶司领取“官券”才能出海，漳州由此成为泉州港对外贸易的外围口岸。从北宋后期开始，由于中央政府在泉州港设置了“市舶司”，福建对外贸易中心转移到了泉州。南宋时期，闽浙的地缘优势，使得福建经济贸易发展更为迅速。“海上丝绸之路”的不断发展与繁荣，为泉州港的崛起与兴盛提供了契机。彼时的泉州接近首都临安（今浙江杭州），出口货物以丝绸为主，其作为“海上丝绸之路”这条中国至西洋航线的起始港和东端枢纽港口，在海上丝绸之路上迎来了它的黄金时代，而成为当时世界上最璀璨的东方明珠。“州南有海浩无穷，每岁造舟通异域”，南宋时，福建与亚洲、非洲乃至欧洲、拉丁美洲的 30 多个国家和地区均有贸易往来，船舶所至，北抵高丽、日本，南达麻逸（位于今菲律宾）、爪哇，西到大食（阿拉伯帝国）诸国，其范围之广袤，蔚为壮观。至宋末元初，“货物浩瀚”的泉州港远超于广州港，成为东方第一大港，被誉为“梯航万国”的“东南巨镇”，其也由此成为中外友好往来的一个重要门户，达到历史上最鼎盛的时期。为了适应中外海船停泊，泉州的 12 支港，择要建造了港口码头，其中最主要的有

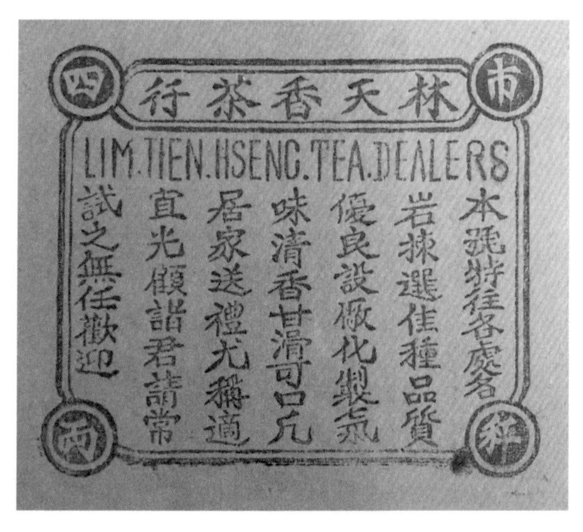


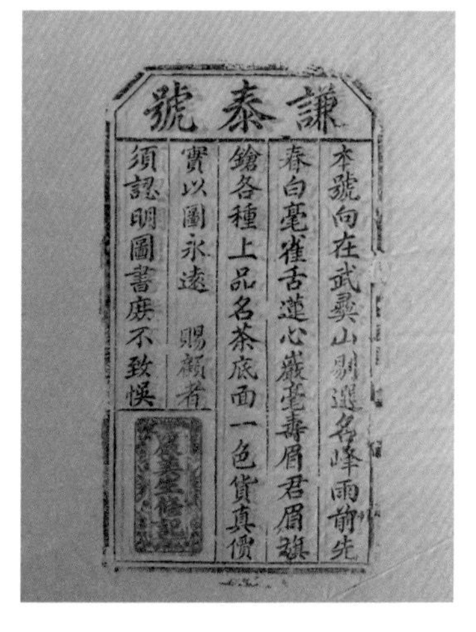


武夷茶贸易茶票

后渚、法石、安海、围头 4 个支港。

元明清时代海上丝绸之路最终成型。元人汪大渊远航非洲东南部莫桑比克海峡，使海上贸易伸展至非洲东南沿海区域。明朝永乐至宣德年间，郑和七下西洋，由江苏刘家港（在今江苏省太仓市浏河镇）出发，经海路到达越南、泰国、柬埔寨、马来半岛、印度尼西亚、菲律宾、斯里兰卡、马尔代夫、孟加拉国、印度、伊朗、阿曼、也门、沙特阿拉伯和东非的索马里、肯尼亚，用携带的中国丝帛、瓷器、陶器、铜器、铁器、漆器、金钱、药品及棉布等输出到欧亚非，换回珠宝（象牙、犀牛角、珍珠、玳瑁、琥珀、玛瑙）和香料（宋朝又称“香药”，泛指胡椒、檀香、麝香、龙脑、乳香、丁香、沉香、木香、肉豆蔻、安息香、苏合油等）等奢侈品。郑和下西洋最远到达东非赤道附近海岸，说明这一时期中国已经掌握了航行到东非，甚至好望角的技术。清代中国更是同欧洲、北美洲、南美洲建立了海上航线的联系，这意味着海上丝绸之路已经通向七大洲、四大洋。明清海上对外贸易的最终成型，意味着中国诸多沿海港口贸易吞吐量的增大，贸易物品更为丰富多样，贸易交流更加频繁。不容置疑，福建海上港口贸易亦是其中重要组成部分之一，并随之发展、壮大。

海上贸易繁荣的背后，也带来了一系列政治、经济、文化、宗教等诸多层面的社会问题。明、清两代政府为控制对外贸易和防范海外势力入侵，对民间的海上贸易实行时禁时开政策。结果事与愿违，明朝“海禁”造成东南沿海倭寇和海盗盛行，武装走私和抢劫商品成风，明政府只好开禁。清朝施行“闭关政策”，西方国家在输出大量银圆购买中国商品的同时，因无法建立平等互利的自由贸易关系，而出现了巨额贸易差额，于是英国方面违背中国官方的禁令，非法大规模向中国倾销鸦片以追逐高额利润，扭转贸易逆差，最终引发了以林则徐“虎门销烟”为代表的禁烟运动。而后鸦片战争的爆发致使“海上丝绸之路”彻底走到尽头。福建海上贸易也在明清禁海政策的作用下遭遇了前所未有的生存危机，随着海上丝绸之路的覆灭而湮灭。

### （二）中国茶叶海上贸易的起源与发展

中国茶叶具体何时开始外销，由于史料的阙如尚待进一步考查，南朝刘宋时期，陆上对外贸易已显痕迹，彼时土耳其商人至中国西北边境以物易茶，可以视作陆路对外贸易的开始。而海上贸易，则据《汉书》记载，中国与南洋诸国海路通商，西汉时期就已开始了。此时中国在茶叶生产上有较大的发展，四川武阳是茶叶初级市场，成都是茶叶中级市场，茶叶从海上输出南洋诸国有一定的可能性。茶叶通过海上丝绸之路外传，最先到达朝鲜、日本，其次是东南亚，最后才传到欧洲。

唐五代时期，很多新罗（位于今朝鲜半岛南部）遣唐使、商人来唐贸易，足迹至登州、莱州、楚州（治今江苏省淮安市淮阴区）、扬州，商人们带来土特产品，从唐朝贩回丝绸、瓷器、茶叶、书籍等物品。日本高僧、遣唐使把中国的文化、佛教、典章制度带回国的同时，也把中国茶籽、种茶法、吃茶法、茶礼仪一同带回了日本。扬州、明州（治今浙江宁波）是通往日本的海上航线的主要起点。广州、泉州、明州、扬州、交州是著名的对外贸易港口，通过这些港口，茶叶不但传到了东亚的朝鲜、日本，还传到了东南亚甚至西亚。671 年，从扬州到广州转苏门答腊岛的室利佛逝国（都城浡淋邦，

英式下午茶

位于今巨港）赴印度求法的中国高僧义净，曾把茶带到印度作为平时饮用养生之物。广州港输出物中也已有茶叶。9世纪到过中国和印度的阿拉伯商人苏莱曼，在《中国印度见闻录》中描写了广州阿拉伯人的居住情况、瓷器和茶叶，他是最早提到中国茶的西亚人。文称："国王本人的主要收入是全国的盐税以及泡开水喝的一种干草税。在各个城市里，这种干草叶售价很高，中国人称这种草叶叫'茶'（Sakh）。此种干草叶比苜蓿的叶子还多，也略比它香，稍有苦味，用开水喝，治百病。"此资料不足以证明阿拉伯人已饮茶并从事茶叶贸易，但却能表明正是通过海上丝绸之路，阿拉伯人第一次知道了茶，并把茶的知识传播过去。

从茶叶贸易的角度来看，至少到15世纪初期，茶叶并非对外贸易的主流。虽然为了发展对外贸易，郑和曾七次下西洋，使中国与南洋之间的贸易更为发达，联系更为紧密，但当时茶叶还是以侨销为主。16、17世纪之间，海盗猖獗，官府实行海禁政策，禁止与南洋贸易，茶叶侨销受到很大影响，输出减少。侨销茶类包括绿茶、黑茶、白茶、青茶和红茶，其中以青茶为主，青茶则又以福建省为最多，其次是广东省和台湾省。马来西亚、印度尼西亚、越南、缅甸、泰国等地，都以消费福建青茶为主。这就使得闽粤台等地的茶叶贸易遭受巨大损失。可以说，17世纪40年代前，中国出口贸易仍以丝绸、瓷器、药材等为主要输出物。直至1727年，南洋贸易禁令废除，允许福建广东商船前往南洋各国贸易，从此中国输出的货物主要是陶器、茶叶等，此时茶叶一跃成为中国对外出口贸易结构中的重要对象甚至核心商品。18世纪末，印度、斯里兰卡、印度尼西亚茶业兴起，对中国茶叶的需求进一步增强。到19世纪中期，侨销青茶仍很旺盛，1869年仅厦门口岸输出侨销青茶最高达到4 298吨。

清代茶叶贸易的最显著特点是海外市场的大起大落。17世纪前，饮茶习俗主要集中在亚洲，中国茶叶外销量并不大，1 000余年的总销量绝不会多于鸦片战争前约240年的总销量。

表 2-1 鸦片战争后至 1900 年止中国茶叶外销数量

| 年份 | 1843 | 1844 | 1845—1848 | 1849 | 1850 | 1851 | 1852 | 1853 | 1854 |
| --- | --- | --- | --- | --- | --- | --- | --- | --- | --- |
| 数量（万吨） | 1.41 | 3 | 3.5+ | 2.74 | 3.19 | 3.81 | 4 | 4.5 | 5 |

| 年份 | 1868—1869 | 1870 | 1871—1876 | 1877 | 1888 | 1900 | — | — |
| --- | --- | --- | --- | --- | --- | --- | --- | --- |
| 数量（万吨） | 8+ | 7.45 | 8.5—9.5 | 10+ | 12.1 | 7.37 | — | — |

鸦片战争后，西方对茶叶消费需求不断增长，中国茶叶出口量大增。1843 年，中国茶叶外销量为 1.41 万吨，翌年突破 3 万吨，1845—1848 年，每年均超过 3.5 万吨，1849 年、1850 年有所下降，分别为 2.74 万吨、3.19 万吨，1851 年回升至 3.81 万吨，翌年达 4 万吨，1853 年突破 4.5 万吨，1854 年突破 5 万吨，1868 年、1869 年超过 8 万吨，1870 年为 7.45 万吨，1871—1876 年在 8.5 万吨—9.5 万吨左右，1877 年突破 10 万吨，1888 年达到历史最高峰的 12.1 万吨。嗣后，逐步下降，1900 年回落至 7.37 万吨（表 2-1）。

抗日战争时期，茶叶还可从香港出口，输出量下降不多。到太平洋战争发生，海运中断，1946 年茶叶输出只有 7 千吨。抗日战争胜利后，茶叶外销有所转机，存茶大量出口，输出量回升到 2.1 万吨。但是国民党政府与苏联断绝了邦交，使苏销中断，茶叶输出量又很快减少，不及 7 千吨。其后由于北非绿茶市场逐渐恢复，茶叶输出稍有回升。但因内乱，茶叶外销受阻，到 1949 年惨跌至 700.4 吨。与茶叶输出最巅峰时期相比，尚不及百分之六。

### （三）武夷茶的海上茶叶贸易

武夷茶的海上贸易是中国茶叶海上贸易的组成部分之一，但武夷茶的海上贸易亦有其自身发展的特点，这一点也不容忽视。宋明时期，茶禁政策甚严，据《建炎以来朝野杂记》云："绍兴十三年（1143）诏，载建茶入海者斩。"明初还规定："铢两茶不得出关。"（见陈继儒《茶小序》）由此可见，当时武夷茶的地域传播十分受限，海上贸易更是无从说起。直到郑和下西洋，打开了海上贸易之门，武夷茶的海上贸易之路才初见曙光。明万历三十五年（1607），荷兰东印度公司开始从澳门收购武夷茶，经爪哇输往欧洲试销，武夷茶销量明显上升。到了明末清初，茶禁松弛，朝廷允许民间进行茶叶贸易，武夷茶出口大量增加。但由于当时还在实行海禁政策，海路不通畅，相较之下，其时陆路贸易十分兴盛，出现了由山西商贾组成的茶帮，专赴武夷山茶叶市场采购茶叶运往关外销售。

1842 年清朝在第一次鸦片战争中失败，签订了中英《南京条约》，开放五口通商，此后，北上茶叶之路被海上茶路代替。光绪四年（1878）福建口岸出口建茶 4 万吨，约占全国出口总量的三分之一，其中武夷茶占十分之一。据海关记载，1886 年，全国茶叶出口最高达到 1.34 万吨。17 世纪末，武夷茶出口量约为 13.61 吨，到 18 世纪的后 50 年，武夷红茶出口量达到 9 175 吨，19 世纪中叶，武夷红茶出口量达到顶峰，最高达到 1.5 万吨。1879 年后，红茶市场被印度、斯里兰卡及印度尼西亚所侵夺，武夷茶销

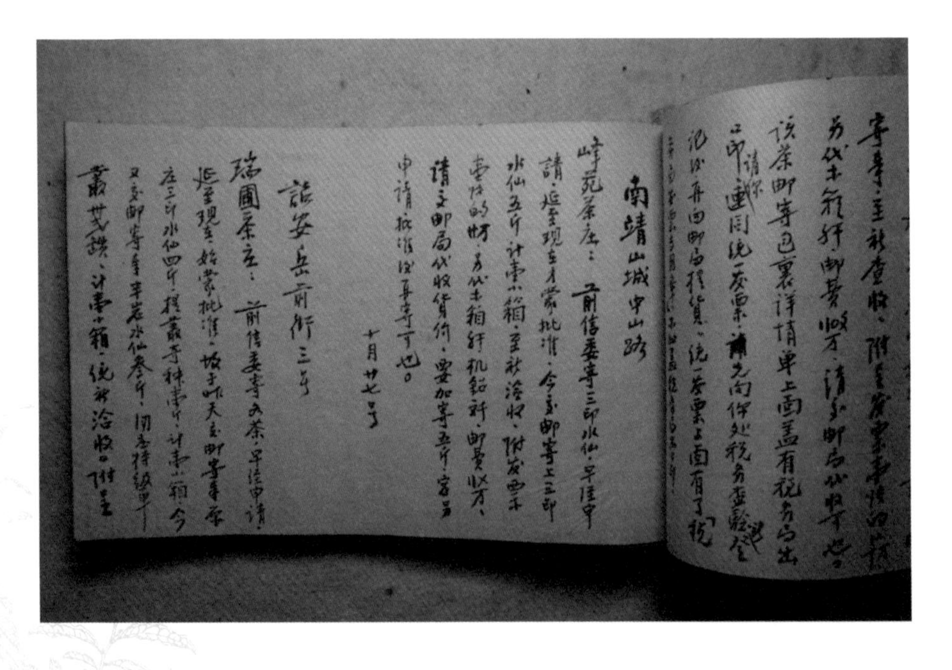

武夷瑞芳号茶叶账本

量锐减。1918 年第一次世界大战结束后，茶叶输出急速下降，武夷茶也受到重大影响。之后因内乱，茶叶外销受阻，1941 年，整个武夷茶的对外出口量下滑到 0.5 吨。此后的数十年里，海上贸易的茶叶之路基本中断，武夷茶海上贸易亦遭受重创。

# 第三章　武夷茶的品饮

· 晚铛宜煮北山泉：煮茶
· 晴窗细乳戏分茶：点茶
· 林下雄豪先斗美：斗茶
· 一杯啜尽一杯添：泡茶

为天地立心
为生民立命
为往圣继

魏晋南北朝时期，饮茶从长江中下游地区扩展到江浙一带，茶叶种植与饮用区域扩大。“坐席竞下饮”，茶不仅在文人士大夫之间流行，民间亦饮茶。文人雅士提升饮茶的品位，赋予了其深厚的文化内涵。茶文化在这一时期逐步萌芽。彼时，武夷茶声名渐起，有了“灵草”“建溪芽”之名。

北宋大文豪苏轼撰《叶嘉传》，其以拟人手法歌颂武夷茶，名其为“叶嘉”。文中说，叶嘉“好游名山，至武夷，悦之，遂家焉”。汉武帝得知武夷有好茶，即令太守搜寻，并令将之纳贡。后唐时，闽北一带开始大量种茶，设置“龙焙”，专制贡品。

汉代武夷茶的产制尚未见确切史料记载。到了南朝，著名文学家江淹任吴兴县令时曾游过武夷，他这样描写武夷山：“地在东南峤外，闽越之旧境也。爰有碧水丹山，珍木灵草，皆淹平生所至爱，不觉行路之远矣。”“灵草”，应该是关于“武夷茶”最早的记载了。

饮茶方式经历了唐代煮茶、宋代点茶、明清泡茶方式的演变，各有其文化与特点，是中国茶文化的主要体现。

# 第一节　晚铛宜煮北山泉：煮茶

## 一、茶叶品类

唐代饮茶普及，上自王公贵族下至黎民百姓都在饮茶，茶区进一步扩大。唐天宝七载（748），唐玄宗诏封武夷山“名川大山”。唐中叶后，武夷山被列为道教“第十六升真元化洞天”。武夷山名声日盛，武夷茶得以发展和传播。

中唐时，陆羽《茶经·八之出》记载有43个州产茶，而“其思、播、费、夷、鄂、袁、吉、福、建、泉、韶、象十一州未详。往往得之，其味极佳”。“建”指的是建州，陆羽对于这十一个州虽然都不了解，但是常常获得这些地方所产的茶，滋味品质都极好。武夷茶自古有“闽中茶品天下高”之称，而闽茶又以武夷所产者声名最著。

孙樵在《送茶与焦刑部书》中，将武夷茶拟人化为“晚甘侯”，意指保持晚节的官员侯爵，实为称赞武夷茶回甘明显持久、滋味醇厚。书曰：“晚甘侯十五人遣侍斋阁。此徒皆请雷而摘，拜水而和。盖建阳丹山碧水之乡，月涧云龛之品，慎勿贱用之。”孙樵，字可之，唐宣宗年间进士，官为职方员外郎、上柱国。史称他“笃于学，工散文”。诗中介绍了武夷茶的采摘是乘着雷声而采摘的嫩芽，用祭拜过的圣水蒸捣而和。据陆羽《茶经·三之

欽定四庫全書

茶經卷上

唐 陸羽 撰

一茶之源

茶者南方之嘉木也一尺二尺迺至數十尺其巴山峽川有兩人合抱者伐而掇之其樹如瓜蘆葉如梔子花如白薔薇實如栟櫚蒂如丁香根如胡桃瓜蘆木出廣州似茶至苦澁栟櫚蒲葵之屬其子似茶胡桃與茶根皆下孕兆至瓦礫苗木上抽其字或從草或從

欽定四庫全書 茶經 卷上

〔唐〕陆羽：《茶经》

造》记述："晴，采之、蒸之、捣之、拍之、焙之、穿之、封之，茶之干矣。"晴天采摘茶叶，放在甑中蒸过然后捣和，置于模具中压制成饼。《茶经・六之饮》中介绍当时茶叶又有"粗茶、散茶、末茶、饼茶"之分。毛文锡《茶谱》："建州方山之露芽及紫笋，片大极硬，须汤浸之，方可碾，治头痛，江东老人多味之。……建州北苑先春龙焙。"这里提到建州茶，为散茶。唐代茶叶加工，基本属于蒸青团茶，武夷山以研膏、蜡面茶著名，茶备受世人青睐。《膳夫经手录》中有"建州大团，产于建州，状类紫笋"的记载，亦是武夷山一带的名茶。

唐贞观元中（约 790）已有经蒸焙后研碎塑成团状的"研膏、蜡面"茶的加工。唐代光启进士徐夤《尚书惠蜡面茶》诗云：

武夷春暖月初圆，采摘新芽献地仙。飞鹊印成香蜡片，啼猿溪走木兰船。金槽和碾沉香末，冰碗轻涵翠缕烟。分赠恩深知最异，晚铛宜煮北山泉。

蜡面茶，因茶汤白如熔蜡而得名。诗中对武夷茶的采摘时间、原料、制作形态以及品饮方式，都做了详细描述：将采摘的新芽制成香蜡片，并将飞鹊的图案印在蜡面茶饼上，品饮时先将茶饼研磨成茶末，并取北山泉煎茶，以冰碗品饮。

## 二、饮茶器具

西汉王褒《僮约》“烹茶尽具”的记载，说明了饮茶已经有了专用的茶具。陆羽在《茶经·四之器》中详细记载了二十四器，茶器已成为煎茶过程中不可缺少的部分，对于茶的色、香、味的体现极其重要，并形成了当时独特的审美文化。

唐代饮茶的兴盛也进一步推动了陶瓷业的发展，出现了“南青北白”共繁荣的局面。“南青”指越窑青瓷，“北白”指邢窑白瓷。陆羽在《茶经》中特别论述了青瓷在品饮时的特别之处，青瓷尤以越窑所产者为上，首推越窑青瓷作为品饮用具，越窑青瓷在唐代达到了顶峰，并出现了青瓷史上登峰造极的作品——“秘色瓷”。陆羽认为茶碗“越州上，鼎州次，婺州次。岳州上，寿州、洪州次。”认为“越州瓷、岳瓷皆青，青则益茶，茶作白红之色；邢州瓷白，茶色红”。虽然法门寺地宫出土了一整套唐代宫廷金银材质的饮茶器具，但是陆羽认为“用银为之，至洁，但涉于侈丽”。金银茶具因其材质较为致密，不利于热气散失，容易闷坏茶叶，一般不被文人墨客们喜欢。真正利于泡茶的器具，在泡茶器具中仍以瓷器为主。

### （一）煮茶器具——铛

陆羽在《茶经·四之器》中描述煮茶用具为“鍑：鍑以生铁为之。……方其耳，以正令也；广其缘，以务远也；长其脐，以守中也。脐长则沸中，沸中则末易扬，末易扬则其味淳也。”

徐夤诗中“晚铛宜煮北山泉”，煮茶器具为“铛”（chēng），三足，似锅。

陆羽煮茶三彩器

这与陆羽提到的“鍑”类似。陆羽《茶经·九之略》中提到煎茶要用到的二十四器，数量涉及较多，在平时煎茶时，可视具体情况增减。

从徐夤诗中，可看出当时武夷茶的品饮方式，沿袭了陆羽提出的煎茶法的程式，这也进一步说明了“自从陆羽生人间，人间相学事新茶”之史实。《茶经》规范了整套制茶、煮茶、饮茶的专门器具和技术，是中国“茶道”的雏形，他总结出的煮茶和饮茶的要求和方法得到全民效仿，广加流传。

### （二）饮茶器具——碗

唐代饮茶器具是一种敞口的“碗”，形制和大小为“口唇不卷，底卷而浅，受半升已下”。在质量选择上，陆羽认为：“碗，越州上，鼎州次，婺州次；岳州次，寿州、洪州次。或者以邢州次越州上，殊为不然。若邢瓷类银，越瓷类玉，邢不如越一也；若邢瓷类雪，则越瓷类冰，邢不如越二也；邢瓷白而茶色丹，越瓷青而茶色绿，邢不如越三也。……越州瓷、岳瓷皆青，青则益茶。茶作白红之色，邢州瓷白，茶色红；寿州瓷黄，茶色紫；洪州瓷褐，茶色黑，悉不宜茶。”唐代茶品为蒸青绿茶，在品饮时要求汤色绿，陆羽从审评的观点推崇越窑的青瓷，为当时饮茶的首选。徐夤诗中的饮茶器具为“冰碗”，结合他同时期的作品《贡余秘色茶盏》中提到的“功剜明月染春水，轻旋薄冰盛绿云”描写青瓷顶级茶盏秘色瓷，以及陆羽提到的“邢瓷类雪，越瓷类冰”可以推断，这里的“冰碗”应指越窑的青瓷茶碗。

## 三、饮茶方式

唐以前，就已盛行的煮茶法是把葱、姜、枣、橘皮、茱萸、薄荷等一并与茶共煮，陆羽认为这种方法煮出来的茶“斯沟渠间弃水耳，而习俗不已”。为了使煎茶法尽善尽美，陆羽在《茶经》“四之器”“五之煮”中详列了煎茶的器具，并展示了一套完整的煎茶程序和煎煮要点。

煎茶需先将茶饼磨成茶末，故煎茶法的程序大致分为两个阶段：备茶阶段和煮水育华阶段。备茶阶段包括：炙茶、碾茶、罗茶；煎茶阶段分：择水、候汤、煎茶、分茶、啜饮。

### （一）备茶

炙茶：为了提香，也为了烘干茶饼，便于碾茶。陆羽《茶经·五之煮》记述：“凡炙茶，慎勿于风烬间炙，熛焰如钻，使炎凉不均。持以逼火，屡其翻正，候炮出培塿（lóu），状虾蟆背，然后去火五寸。卷而舒，则本其始又炙之。若火干者，以气熟止；日干者，以柔止。”用竹夹将茶饼取出，放在火上炙烤，经常翻动使茶饼受热均匀。烤好后要趁热包好，以免香气散失。

碾茶、罗茶：将炙烤过的茶饼，用茶碾碾磨后过筛，经罗筛过的茶末颗粒均匀细碎。

〔元〕赵原：《陆羽烹茶图》

## （二）煎茶

择水：水质对茶汤的质量影响尤为关键，古人云："无水不可与之论茶"，而这"无水"，指的便是"没有合适的水"。《荈赋》所谓："水则岷方之注，挹彼清流。"陆羽择水的标准是"用山水上，江水中，井水下。其山水，拣乳泉、石地慢流者上。其瀑涌湍漱勿食之……其江水取去人远者，井取汲多者"。

育华：培育汤花。陆羽提出育华煮水的关键："其沸，如鱼目，微有声，为一沸；缘边如涌泉连珠，为二沸；腾波鼓浪，为三沸，已上水老，不可食也。初沸，则水合量调之以盐味，谓弃其啜余。"一沸加盐调味；二沸舀出一瓢水，而后投茶末并搅动；三沸腾波鼓浪时加入二沸所取之水，止沸育华。三沸以上则"水老"，初沸则"水嫩"，二者均不利于茶汤滋味的形成。

## （三）品饮

分茶："凡酌置诸碗，令沫饽均。沫饽，汤之华也"，即将煮好的茶用瓢舀到碗中。

啜饮："凡煮水一升，酌分五碗，乘热连饮之，以重浊凝其下，精英浮其上。如冷，则精英随气而竭，饮啜不消亦然矣。"趁热饮完，因为热的时候精华浮在上面，若茶冷了，精华会随热气散失。陆羽认为“第一煮水沸，而弃其沫，之上有水膜，如黑云母，饮之则其味不正。其第一者为隽永，或留熟盂以贮之，以备育华救沸之用。诸第一与第二、第三碗次之。第四、第五碗外，非渴甚莫之饮。”

同时，陆羽认为“茶性俭，不宜广”，他融会了儒释道诸家哲学思想和智慧，提出“精行俭德”的茶道思想精髓。刘贞亮《饮茶十德》提出：“以茶利礼仁，以茶表敬意，以茶可雅志，以茶可行道。”陆纳以茶示俭，都借助茶作为精神饮品来修身养性。

为了能够得到更好的品茶体验和领会茶道精髓，陆羽提出适合的饮茶环境和人数：“夫珍鲜馥烈者，其碗数三；次之者，碗数五。”最适饮茶人数不宜多，多则嘈杂，失品饮之意境。如在“九之略”中“松间石上”“瞰泉临涧”，说明茶事活动可以选在室外幽静环境开展。陆羽提出的唐代饮茶的要求和规则，奠定了中国茶道的基础，开创了品茶由粗放煮饮向精细品茶方向转变的先河。陆羽是真正意义上的中国茶道的奠基人。

## 第二节　晴窗细乳戏分茶：点茶

五代北宋期间气候明显由暖转寒，浙江湖州顾渚贡茶不能如期上贡。“建溪茶比他郡最先，北苑壑源者尤早。”独特的地理优势使北苑茶发芽比顾渚等地更早，也使京城每年都能更早尝到来自北苑的新茶。茶叶生产技术中心开始向东南沿海转移，并在福建建安北苑设立专门机构“龙焙”，专事生产龙凤团茶，其加工技术较之唐代的团饼茶加工有较大改进，加上内质优异，北苑贡茶声名鹊起，为当今武夷茶的制作奠定了基础。

### 一、茶叶品类

宋代名茶有百余种，仍以蒸青团饼茶为主。各种花样翻新，名目繁多的龙凤团饼成为宋代贡茶的主题。而建州北苑贡茶，就是当时宋代贡茶的主产地。北苑土壤多为腐蚀的酸性砾壤，土层深厚肥沃，矿物质含量高，适宜茶树生长，当时培育出了像白叶茶、柑叶茶、早茶、细叶茶、稽茶、晚茶、丛茶等众多名目的茶树品种，创制出“香、甘、重、滑”的御贡佳品，著名的贡茶有：龙凤茶、小龙团、龙团胜雪、北苑先春等四五十种之多。

真正让北苑贡茶名震天下流芳百世的，莫过于丁谓、蔡襄的功绩。他们先后创制了“密云龙”“瑞云翔龙”“御苑玉芽”“万寿龙芽”“无比寿芽”等贡茶。范仲淹《和章岷从事斗茶歌》云：“北苑将期献天子，林下雄豪先斗美。”宣和二年（1120），福建转运使郑可简别出心裁，创制“银线水芽”，献媚于皇上。该茶号称“龙团胜雪”，制作之精美，堪称宋茶之冠。至此，北苑茶的制作技术达到了顶峰，北苑龙凤茶品质不断臻美，形成一套独特的比较完整的精制茶技术，把龙凤茶制造工艺推到顶峰，到了无以复加的程度。

宋代茶叶的采制分为采、拣、蒸、榨、研、造和过黄七道工序，要求极高。宋茶的采摘时间极早，“建溪茶比他郡最先，北苑、壑源尤早”，“须是侵晨，不可见日”，采摘必须在太阳升起前至午前八时结束，可使茶汤鲜明。并且采摘时以指而不用甲，以免损伤茶芽。采摘原料以细嫩的“水芽为上，小芽次之，中芽又次之，紫芽、白合、乌蒂，皆所在不取”，否则会“首面不均，色浊而味重也 ”。采下的茶芽清洗拣选后入甑蒸制，蒸熟后加水使之冷却，然后挤压茶叶去掉部分汁液。经过蒸青压榨后的茶叶，可以大大降低苦涩感；去膏后的茶黄加水研磨，根据茶叶等级设定不同的加水研茶次数。研磨后放进特制的模具压制成饼，或圆或方，谓之造茶。然后将茶饼放炭火上焙干，称过黄，焙过后的茶饼进行收藏保存即可。宋徽宗《大观茶论》云：北苑茶“采择之精，制作之工……莫不盛造其极。”

制成的茶饼以白为贵，称“其色如乳”。“而饼茶多以珍膏油其面”，以增加茶饼的鲜明色泽，北苑茶入贡者微加以龙脑和膏，以增加茶的香味。“建安民间皆不入香”以免破坏茶叶本身的滋味。

## 二、茶器

宋人饮茶，不仅讲究茶本身，也很重视茶器。当时饮茶多用盏，口撇足小，形似斗笠。建盏作为与茶关系最紧密的茶具在蔡襄、宋徽宗等人的茶书中，被广为推崇。蔡襄《茶录》论茶器中提到茶具有茶焙、茶笼、砧椎、茶铃、茶碾、茶罗、茶盏、茶匙、汤瓶。到了南宋末年，甚至有人专门撰写了

〔宋〕审安老人：《茶具图赞》“十二先生”

一本《茶具图赞》，该书依然将建盏作为茶盏的典型代表，并系统地介绍了宋代其他茶具。《茶具图赞》中列出十二种茶具，称为“十二先生”，“以拟人法赋予姓名、字、雅号……并用官名称呼之，分别详述其清新高雅之职责，以表经世安国之用意。”

《茶具图赞》在内容和体裁上，极具开创性。它是第一本茶具图谱，不仅集宋代茶具之大成，还给书中介绍的茶具附上清晰的图案。这本图谱不但图文并茂，还言语诙谐，妙趣横生，给茶器取了有双关意味的名字、雅号，并赋予“官职”和“赞语”，将它们统称为“十二先生”。

（1）韦鸿胪：《茶具图赞》按照点茶法的步骤排列茶具，排在第一位的是“韦鸿胪”，即茶焙笼，用以烘焙茶饼，以提香。宋徽宗《大观茶论》：“焙用热火置炉中，以静灰拥合七分，露火三分，亦以轻灰糁覆，良久即置焙篓上，以逼散焙中润气。然后列茶于其中，尽展角焙之，未可蒙蔽，候火通彻覆之。火之多少，以焙之大小增减。探手炉中，火气虽热，而不至逼人手者为良。”茶焙笼是在点茶时使茶叶进一步烘烤至足干的用具。上有盖，以收火。下有炉，纳火炉中，温温然，以不烫手为宜。中有隔，列茶其上，以养茶的色香味。宋代的茶叶不是散装的，而是饼状。饮用前，须将茶饼烘干，利于后续处理。如果直接让茶与明火接触来烘干，难免有损伤，隔着焙笼烘烤可以避免这一点。

（2）木待制：即茶臼，蔡襄《茶录》：“砧椎，盖以碾茶。砧以木为之；椎或金或铁，取于便用。”秦观《茶臼》诗：“幽人耽茗饮，刳木事捣撞。巧制合臼形，雅音侔柷椌。”砧板是木制的，椎可以是木椎或铁椎。“木”表明材质是木头，“待制”即等待诏命除授。此处“待制”即捣碎茶饼以待之后用茶碾、罗筛进一步处理之意。

（3）金法曹：即茶碾，用以将捣碎的茶碾成末，分为碾槽、碾轮两个部分。蔡襄《茶录・论茶器》：“茶碾以银或铁为之。”《大观茶论・罗碾》：“碾以银为上，熟铁次之”，茶碾之用已见于唐代的煎茶，法门寺地宫出土文物中便有一只鎏金银茶碾。

（4）石转运：将粗茶末进一步碾细。蔡襄《茶录》、宋徽宗《大观茶论》皆未记茶磨，茶磨之用当流行于北宋后期以后。朱权《茶谱》就有“茶磨”的记载，“磨以青礞口为之”。苏轼在《次韵黄夷仲茶磨》诗中写道：“前人初用茗饮时，煮之无问叶与骨。浸穷厥味臼始用，复计其初碾方出。计尽功极至于磨，信哉智者能创物。”可见茶磨的发明是在茶臼、茶碾之后。

（5）胡员外：茶瓢，舀水器，由葫芦制成。陆羽《茶经·四之器》：“瓢，一曰牺杓，剖瓠为之，或刊木为之。《荈赋》云：‘酌之以匏。’匏，瓢也，口阔，胚薄，柄短。”

（6）竺副帅：茶匙。茶匙要重，击拂有力。黄金为上，人间以银铁为之。竹者轻，建茶不取。

（7）汤提点：汤瓶，煮水注汤用器，以小为好，便于煮水和注汤。蔡襄《茶录》：“瓶要小者易候汤，又点茶注汤有准。黄金为上，人间以银、铁或瓷、石为之。”《大观茶论》：“瓶宜金银，小大之制，惟所裁给。”

（8）陶宝文：茶盏。蔡襄《茶录》：“茶色白，宜黑盏，建安所造者绀黑，纹如兔毫，其坯微厚，熁之久热难冷，最为要用。”《大观茶论》：“盏色贵青黑，玉毫条达者为上，取其焕发茶采色也。”茶盏一般为陶瓷质，故以陶为姓。宝文指宝文阁，为皇家藏书馆。盏、托配套，托为秘阁，则盏当为宝文。文者，“纹”也，指兔毫纹，兔毫纹非常名贵，故称宝文。唐、五代煎茶，茶盏最重越窑青瓷。宋代点茶，最重建窑黑瓷，舍越窑而用建窑，故名“去越”。因建窑盏“其坯微厚”，故字“自厚”。建盏“纹如兔毫”，因号“兔园上客”。

（9）漆雕秘阁：盏托，用以承载茶盏。宋代盏托多木制，大概取其隔热与轻便。从辽墓壁画来看，茶托施漆，且常以红黑二色。

（10）宗从事：茶帚，用以扫集茶碾、茶磨中的残茶。茶帚用棕丝制作，故以宗为姓，盖宗、棕同音。茶帚用以拂扫茶粉、茶末，聚其散落。

（11）罗枢密：茶筛，由罗绢制成，用以筛分茶末。蔡襄《茶录》：“茶罗以绝细为佳。罗底用蜀东川鹅溪画绢之密者，投汤中揉洗以幂之。”宋徽宗《大观茶论》：“罗欲细而面紧，则绢不泥而常透。”朱权《茶谱》：“茶罗，径五寸，以纱为之。细则茶浮，粗则水浮。”其字传师，取师与筛音近。其号思隐寮长，取思与细音近。

（12）司职方：茶巾，用以擦拭茶器具。茶巾以丝或纱织成，因其功能在于拭净茶具，供清洁茶具用。

宋时盛行斗茶，为建盏的发展提供了前提条件。宋人衡量斗茶的标准主要是汤花和汤色，以汤花色泽鲜白、均匀，水痕出现迟者为上。建盏通体施黑釉，能够较好地反衬茶汤的色泽。所以斗茶者皆提倡使用黑釉茶具，“建盏”则是当时斗茶最佳的茶具珍品。

蔡襄在《茶录》中讲：“茶色白，宜黑盏，建安所造者绀黑，纹如兔毫，其坯微厚，熁之久热难冷，最为要用。出他处者，或薄或色紫，皆不及也。其青白盏，斗试家自不用。”因此建窑建盏异军突起，各式建盏备受青睐。建窑生产的黑釉盏底部刻有“供御”“进琖”字样的，是进贡给宋皇室的御用茶具。建盏最有名的代表是天目建盏，其中“曜变天目”是建盏中的极品，目前仅存的三枚均保存在日本。

## 三、饮茶方式

南宋吴自牧《梦粱录》：“盖人家每日不可缺者，柴米油盐酱醋茶。”到了宋代，饮茶已经非常普遍，还形成了典雅精致，并带有游艺性质的点茶艺术。点茶步骤大体分为三个阶段，备茶阶段：炙茶、碾茶、罗茶；煮水阶段：候汤；点茶阶段：置茶、调膏、注水、点茶、吃茶。

宋代点茶用的茶饼，在备茶阶段与唐代煎茶法相同，也要先经过炙烤，然后将茶饼弄碎，称“碎茶”，再碾成茶粉，用罗筛匀。点茶时需用到茶筅，在注水的同时要用力“击拂”。斗茶的成败主要看汤花和汤色，“点茶之色，以

建盏

纯白为上”。为了衬托茶汤，茶盏选用黑釉瓷具，以“建盏”为上品。点茶的程序为：碎茶、碾茶、罗茶、候汤、置茶、调膏、注水、点茶、吃茶等。

碎茶、碾茶、罗茶：“茶或经年，则香色味皆陈”，先将茶饼用火炙烤，以提香，也便于碾碎。烤好后用纸包裹，然后用木槌敲碎，入碾，碾后用罗筛茶。“罗细则茶浮，粗则水浮”，茶末粗大，水不能浸透，水和茶末不融溶。所以，要用茶罗筛得越匀越细越好。

候汤：指掌握煮水的适度。“汤嫩则茶力不出，过沸则水老而茶乏”，点茶水要煮到恰到好处，不老不嫩。“未熟则沫浮，过熟则茶沉”，煮水过老和过嫩都会影响茶汤滋味。唐代人多用“鱼目”“蟹眼”比喻煎水的程度。如皮日休《煮茶诗》：“时看蟹目溅，乍见鱼鳞起。”因为唐代主要用鍑煮水，水沸腾的程度可以目测。而宋代煮水用汤瓶，“沉瓶中煮之不可辨”，只能听煮水的声音来判断沸腾程度，故曰候汤最难。

置茶、调膏：先将茶末置入茶盏，加少许沸水调膏，调成糊状，置茶前，须用开水预热茶盏。宋徽宗《大观茶论》说：“盏惟热，则茶发立耐久。”这与我们现在泡茶温热壶盏利于茶香的散发和茶滋味的浸出比较类似。

注水、点茶：然后边注汤边用茶筅击拂。待汤面变白，汤花细碎、均匀时提筅出盏。斗茶时静候汤面水痕变化，较慢出现水痕者为胜。

〔宋〕刘松年:《撵茶图》

吃茶：直接持盏品饮，不用分杯。

另外，范仲淹的《和章岷从事斗茶歌》中“鼎磨云外首山铜，瓶携江上中泠水。黄金碾畔绿尘飞，碧玉瓯中翠涛起”两句，介绍了点茶的步骤：研磨茶粉、煮水候汤、瓯中点茶，可见当时建茶的品饮。

# 第三节　林下雄豪先斗美：斗茶

## 一、斗茶的历史

斗茶，即比赛茶的优劣，又叫“斗茗”“茗战”，始于唐，盛于宋，属于古代的一种“雅玩”。宋人斗茶之风的兴起，与宋代的贡茶制度密不可分。民间向宫廷贡茶之前，即以斗茶的方式，评定茶叶的品级等次，胜者作为上品进贡。斗茶，作为一项游戏，在早期是农民为评判茶叶质量而自发的活动，冯贽在《云仙杂记》中有“建人将其谓之‘茗战’”一说。这是关于斗茶的最早记载。

宋代茶叶种植区域进一步向北推进，茶叶产量也进一步提高，饮茶变得更加普遍，茶已成为开门七件事“柴米油盐酱醋茶”之一。宋代“重文轻武”的制度，发达的经济条件，以及文人的推动，南北茶叶的贸易推动了宋代斗茶之风的兴起，也使斗茶演变为极富趣味性和挑战性的文化活动。宋代是极讲究“茶道”的时代，宋徽宗曾撰写《大观茶论》，蔡襄曾撰写《茶录》，黄儒曾撰写《品茶要录》等，可见，宋代的“斗茶”之风极盛。

范仲淹《和章岷从事斗茶歌》：“斗茶味兮轻醍醐，斗茶香兮薄兰芷。其间品第胡能欺，十目视而十手指。胜若登仙不可攀，输同降将无穷耻。”此诗将斗茶的场面刻画得淋漓尽致。

## 二、斗茶的标准

斗茶的标准是什么？如何判定胜负？这在当时是有着严格的规定的。斗茶的成败主要看茶色和饽沫的厚度、持久度：“点茶之色，以纯白为上”；除了汤色以外，还要看汤花“咬盏”的能力：“视其面色鲜白，著盏无水痕为绝佳。建安斗试，以水痕先者为负，耐久者为胜故较胜负之说，曰相去一水两水。”清明节期间，新茶初出，最适合参斗。斗茶者各取所藏好茶，轮流烹煮，相互品评，以分高下。斗茶，或多人共斗，或两人捉对“厮杀”，三斗两胜。斗茶内容包括斗茶品、斗茶令和茶百戏。斗茶品以茶“新”为贵，斗茶用水以“活”为上。

苏轼《和蒋夔寄茶》有“沙溪北苑强分别，水脚一线争谁先”；曾巩《出郊》有“贡时天上双龙去，斗处人间一水争”；王珪在《和公仪饮茶》中提到：“云叠乱花争一水，凤团双影负先春。”

### （一）斗汤色：建安人斗试，以青白胜黄白

斗茶多为两人，三斗两胜，计算胜负的术语叫“相差几水”。斗茶胜负的决定标准，一是汤色，二是汤花。汤色即茶水的颜色。“茶色贵白”，“以青白胜黄白”。汤花是指汤面泛起的泡沫。决定汤花的优劣有两项标准：第一是汤花的色泽，汤花的色泽与汤色是密切相关的，因此两者的标准是相同的；第二是汤花泛起后，水痕出现的早晚，早者为负，晚者为胜。汤色能反映茶的采制技艺，茶汤纯白，表明茶叶原料的肥嫩，制作工艺恰到好处；色偏青，说明蒸茶火候不足；色泛灰，说明蒸茶火候已过；色泛黄，说明采制不及时；色泛红，则说明烘焙过了火候。

然后看汤花持续时间长短，汤花泛起后，水痕出现的早晚。早者为负，晚者为胜。宋代主要饮用团饼茶，调制时先将茶饼烤炙碾细，然后烧水煎煮，

饮用时连茶粉带茶水一起喝下。如果研碾细腻，点茶、点汤、击拂都恰到好处，汤花就匀细，可以“紧咬”盏沿，久聚不散，这种最佳效果，名曰“咬盏”。点汤的同时，用茶筅旋转击打和拂动茶盏中的茶汤，使之泛起汤花，称为击拂。

### （二）斗水痕：建安斗试以水痕先者为负，耐久者为胜

如果汤花细匀，有若“冷粥面”，就可紧咬盏沿，久聚不散，这种最佳效果名曰“咬盏”。反之，汤花泛起，不能咬盏，会很快散开。汤花一散，汤与盏相接的地方就会露出“水痕”（茶色水线）。因此，水痕出现的早晚，就会成为汤花优劣的依据。有时茶质虽略次于对方，但用水得当，也能取胜。所以斗茶需要了解茶性、水质及煎后效果，不能盲目而行。

### （三）茶趣：斗茶令与茶百戏

斗茶令，即古人在斗茶时的行茶令。行茶令所举故事及吟诗作赋，皆与茶有关。茶令如同酒令，用以助兴增趣。宋人王十朋有诗云：“搜我肺肠茶著令。”自注说：“予归与诸友讲茶令，每会茶，指一物为题，各举故事，不通者罚，命季梁掌之。”宋代李清照与其丈夫赵明诚有搜访古器图籍的共同爱好，这对贤伉俪在严肃治学中也时有高雅情趣的遣兴，那便是行茶令。从李清照的《金石录后序》和他们的诗词，以及赵明诚的题跋中，都能时时处处看到茶。可见李、赵之熟于“斗茶”技艺，因而在比赛彼此记忆力时也自然接受了“斗茶”风习的影响。但十有八九赵不敌李，常以败北而告终。

茶百戏，又称汤戏或分茶，是宋代流行的一种茶道。即将煮好的茶注入茶碗中的技巧。宋人杨万里的《澹庵坐上观显上人分茶》，专咏茶百戏。其诗云：“分茶何似煎茶好，煎茶不似分茶巧。蒸水老禅弄泉手，隆兴元春新玉爪。二者相遭兔瓯面，怪怪奇奇真善幻。纷如擘絮行太空，影落寒江能万变。银瓶首下仍尻高，注汤作字势嫖姚。”在宋代，茶百戏可不是寻常的品茗喝

〔宋〕佚名:《斗茶图》

茶，有人把茶百戏与琴、棋、书并列，是士大夫喜爱与崇尚的一种文化活动。茶百戏能使茶汤的汤花瞬间显示出瑰丽多变的景象。若山水云雾，状花鸟鱼虫，如一幅幅水墨图画，这需要较高的沏茶技艺。如宋陶谷《荈茗录》所记：“别施妙诀使汤纹水脉成物象者，禽、兽、虫、鱼、花草之属，纤巧如画。”

## 三、影响斗茶的因素

归纳影响斗茶的因素有茶叶的品质和点茶的技艺。

### （一）茶叶品质

明朝王应山在《闽大记》中指出：“茶出武夷，其品最佳。宋时制造充贡，延平半岩次之。”宋代“茶有小芽，有中芽，有紫芽，有白合，有乌蒂”。

小芽小如鹰爪，为制茶之上品，一般加工龙团胜雪、白茶这类贡品；“紫芽、白合、乌蒂皆所在不取”，宋徽宗赵佶认为“白合不去害茶味，乌蒂不去害茶色”。紫芽、白合、乌蒂是会影响茶汤的色泽和滋味的原料，在采摘的时候，要弃之。好的茶叶质量要求“色莹彻而不驳，质缜绎而不浮，举之凝结，碾之则铿然，可验其为精品也”。

### （二）点茶技艺

斗茶的成败，除了茶叶品质本身的因素外，点茶技巧也很关键。从前期准备到点茶，都要经过严格把关。

碾罗茶末：《茶录》中认为，碾罗茶叶时，要做到茶粉细腻均匀，罗细则茶浮，粗则水浮。

取水候汤：点茶用水也很关键，在遵循“山水上、江水中、井水下”的取水标准外，也要把握好水沸的程度，由于不能目测，只能声辨，所以“候

建窑点茶茶器：茶杵、茶臼、茶碾、茶研、茶叶罐、茶叶盒、卧足钵、分茶器、花插、花瓶、琴炉、茶釜、拓画壶、温碗、茶瓶、盏托、束口盏等。（南平市曜变陶瓷研究院收藏）

汤最难。未熟则沫浮，过熟则茶沉”。

投茶：投茶量会影响咬盏。“茶少汤多，则云脚散，汤少茶多，则粥面聚。”

点茶：投茶前要熁盏：“凡欲点茶。先须熁盏令热。冷则茶不浮。”在点茶力度及技巧上，宋徽宗有其独到的见解，认为“势不欲猛，先须搅动茶膏，渐加击拂，手轻筅重，指绕腕旋，上下透彻”，茶汤犹如“疏星皎月，灿然而生”，这是点茶的根本，也就是调膏的过程。然后注汤，要做到“自茶面注之，周回一线。急注急止，茶面不动，击拂既力，色泽渐开，珠玑磊落”，经多次击拂直至“轻清重浊，相稀稠得中，可欲则止”。此时的汤面出现咬盏，表现为“乳雾汹涌，溢盏而起”，形成美丽的饽沫汤花。梅尧臣在《次韵和永叔尝新茶杂言》中提到，“造成小品若带銙，斗浮斗色倾夷华”，就是说点注、击拂恰到好处的话，饽沫便能持久不散。至此，点茶完成。

### （三）茶色白，宜黑盏

蔡襄《茶录》曰：“茶色白，宜黑盏，建安所造者绀黑，纹如兔毫，其坯微厚，最为要用。出他处者，或薄或色紫，皆不及也。其青白盏，斗试家自不用。”宋代祝穆在《方舆胜览》中也说：“茶色白，入黑盏，其痕易验。”而黄庭坚的《西江月·茶》中也说：“兔褐金丝宝碗，松风蟹眼新汤。”盏色黑宜衬托茶色白。

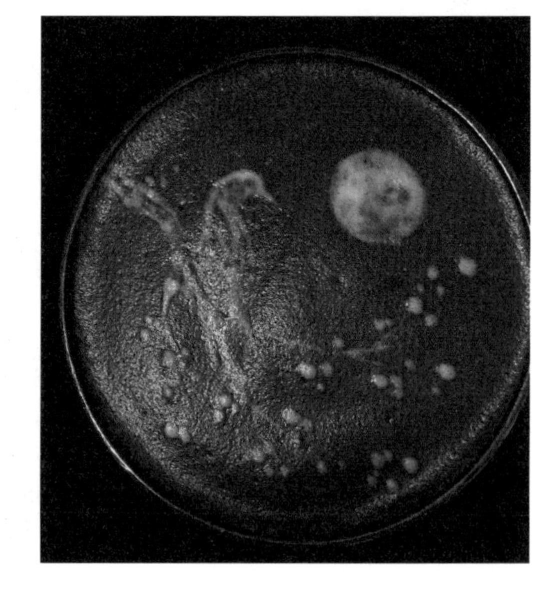

茶百戏

斗茶作为一种带有趣味性和挑战性的活动，极大地丰富了茶文化的内容。一方面将茶文化从唐代上层阶层和文人之间的文化活动，带入到寻常百姓中。另一方面也推动了制茶工艺的进步和茶叶品质的提升。建茶作为贡品进贡时，为了选出最好的茶叶，也会先进行斗茶筛选，苏东坡在《荔支[1]叹》中写道："争新买宠各出意，今年斗品充官茶。"

① 荔支即荔枝。

# 第四节　一杯啜尽一杯添：泡茶

## 一、茶叶品类

明以后，朱元璋下诏废团茶改散茶。武夷山御茶园造办团饼茶没落。武夷山人开始摸索茶叶制法的新出路，松萝法引进，乌龙茶、红茶相继创制，武夷茶呈现滋味甘醇、香气馥郁的特征，品类也逐渐增多。

武夷茶制作工艺发展与变革，从蒸青、炒青、半炒半焙之绿茶，至乌龙茶、小种红茶的兴起，关于其品名与等级的记载渐多。明清文人品茶，求真香、真色、真味，用雅致的语言描摹感官认知，往往有精彩的文字阐发，主要特点是对茶之色香味的比喻描摹。如明人李日华评虎丘茶："虎丘气芳而味薄，乍入盎，菁英浮动，鼻端拂拂，如兰初析，经喉吻亦快然，然必惠麓水，甘醇足佐其寡薄。"又如张岱《兰雪茶》"色如竹箨（tuò，竹箨即笋壳）方解，绿粉初匀，又如山窗初曙，透纸黎光。"他们对茶色香味细致入微的观察与体验，是明清文人评茶特色。

明清时期，松萝法引进，武夷茶制作工艺开始更新换代。明人吴栻《武夷杂记》云："制以松萝法，汲虎啸泉岩下语儿泉烹之，三德俱备，带云石而复有甘软气。"武夷茶以松萝法制作后，呈现"气味清和兼骨鲠"的样貌。周亮工《闽小记》“闽茶”一目记曰：“武夷、屴崱、紫帽、龙山皆产茶，僧拙于焙。既采则先蒸而后焙，故色多紫赤，只堪供宫中浣濯用耳。近有以松萝法制之者，即试之，色香亦具足。”随后，武夷茶渐渐演化出岩茶半发酵制作工艺的雏形。王复礼《茶说》：“茶采而摊，摊而摝，过时、不及皆不可。”此工艺是形成武夷茶独特品质风味的基础。

因此，发酵技术的参与，不仅使得武夷茶性温，还使之品质提升，呈现醇香、清香的口感。当时的武夷茶滋味醇厚，香气馥郁，具有丰富性与层次感。类似的鉴评，亦可见清人张泓《滇南忆旧录》的记载，武夷茶之妙，“可烹至六七次，一次则有一次之香，或兰，或桂，或茉莉，或菊香。种种不同，真天下第一灵芽也”。

武夷茶名与等级，与其生长环境密切相关。武夷山千崖竞秀，万壑争流，有碧水丹山之誉。武夷茶生长在峰岩坑涧中，汲以山川精英秀气，滋以岩骨坑源，品具泉冽花香之胜。张大复《梅花草堂笔谈》：“武夷诸峰皆拔立不相摄，多产茶。接笋峰上，大黄次之，幔亭又次之，而接笋茶绝少不易得。”蓝陈《武夷纪要》说武夷茶“诸山皆有，溪北为上，溪南次之，洲园为下。而溪北惟接笋峰、鼓子岩、金井坑者为尤佳”。郭柏苍《闽产录异》更为明晰道出武夷茶品质等级与生长环境的关系：

武夷九十九岩产者性独温，其品分岩茶、洲茶。附山为岩，沿溪为洲。岩为上品，洲为下品。九十九岩皆特拔挺起，凡风日雨露无一息之背，水泉之甘洁，又胜他山，草且芳烈，何况茗柯？其茶分山北山南，山北尤佳，受东南晨日之光也。岩茶、洲茶之外为外山，清浊不同矣。九十九岩茶可三瀹，外山两瀹即淡。

郭柏苍指出岩茶、洲茶之品质以清浊分，又说岩茶与外山茶于耐泡程度上有别。简言之，其分法为岩茶与洲茶，岩茶为上，洲茶为下。这与地势、土壤、气候等天然因素紧密相关。正如释超全《武夷茶歌》云：“凡茶之产准地利，溪北地厚溪南次。平洲浅渚土膏轻，幽谷高崖烟雨腻。”在二类中又细分等级，刘埥说："武夷茶高下，共分二种。二种之中，又各分高下数种，其生于山上岩间者，名岩茶，其种于山外地内者，名洲茶。岩茶中最高者曰老树小种，次则小种，次则小种工夫，次则工夫，次则工夫花香，次则花香。洲茶中最高者曰白毫，次则紫毫，次则芽茶。"

将之所述按等级高低排序，岩茶中有老树小种、小种、小种工夫、工夫、工夫花香、花香。洲茶中有白毫、紫毫、芽茶。这段描述引出了小种、工夫、花香等名，类似的描述亦见梁章钜的《归田琐记》：

最著者曰花香，其由花香等而上者曰小种而已。山中则以小种为常品，其等而上者曰名种，此山以下所不可多得，即泉州厦门人所讲工夫茶。号称名种者，实仅得小种也。又等而上之曰奇种，如雪梅木瓜之类，即山中亦不可多得。

与刘埥的说法稍有差异，其等级高低排序为奇种、名种、小种、花香。这与周亮工《闽杂记》的记载较为一致："闽俗亦惟有花香、小种、名种之分而已。名种最上，小种次之，花香又次之。"可见，各家无一定的标准。

武夷茶的这类称谓，因生长环境优劣而衍生，粗者分为岩茶与洲茶；细者则众家之说有差，无明确的标准，为民间说法模糊性的体现。从这之中，可摸索出大概的武夷茶名区分，如小种、工夫、白毫等名，直接反映的是这类武夷茶的特点与品质。如《随见录》云："武夷造茶，其岩茶以僧家所制者最为得法。至洲茶中，采回时，逐片择其背上有白毛者，另炒另焙，谓之白毫，又名寿星眉。摘初发之芽一旗未展者，谓之莲子心。连枝二寸剪下烘焙者，谓之凤尾龙须。"

武夷山茶树始以种子繁殖为主，于形貌形状上，变化差异大。由此，武夷茶之品类，奇种多样名目众多，或据形貌，或据特征，加以命名，如此呈现在品饮者面前的茶名同样丰富。分法没有定式，廖存仁将成茶品质由低至高，分为名种、奇种、单丛奇种、提丛名种四种。其中，单丛奇种为系选自优异菜茶，植于危崖绝壁之上，崩陷空隙之间，单独采摘，焙制，不与别茶相混合。

其名之多，相关文人笔记皆有载。蒋叔南《游武夷山》，记曰：

天心岩之大红袍、金锁匙，天游岩之大红袍、人参果、吊金龟、下水龟、毛猴、柳条，马头岩之白牡丹、石菊、铁罗汉、苦瓜霜，慧苑岩之品石、金鸡伴凤凰、狮舌，磊石岩之乌珠，壁石、止止庵之白鸡冠，蟠龙岩之玉桂、一枝香，皆极名贵。此外有金观音、半天腰、不知春、夜来香、拉天吊等等，名目诡异，统计全山，将达千种。

龙须茶

他们取名的做法是："采佳种须天气晴明，先时悬牌茶树，标其名目，采时以白纸裹茶叶，并将茶牌同时摘下包入，否则诸茶混乱。"

另外，这些奇种往往较为名贵稀少，如"柯易堂曾为崇安令，言茶之至美，名为不知春，在武夷天佑岩下，仅一树"。所制之茶，色香俱绝。来自广东的洋商每年预定这茶。从春前至四月，茶树皆有人守护。然亦有人指出，因这种分类复杂，质量亦参差不齐。比如所谓名种，不过是悦人耳目的一个名词，有点名不副实，为采自偏岩或沙洲或在雨天所采的半岩茶青所制的。

## 二、饮茶器具

明代，因散茶成为主流，煮茶、点茶的用具被弃之一旁，其饮茶风尚以壶冲泡散茶成为主流。由于不再需要在盏中击拂茶末，而改用容量较小的茶盅，饮茶杯特重白瓷，泡茶壶则喜宜兴紫砂壶。文震亨《长物志》说道："茶壶以砂者为上，盖既不夺香，又无熟汤气。"紫砂气孔分成开口气孔与闭口气

紫砂壶

孔，这样特殊的结构，使它具有良好的透气性。紫砂壶泡茶的妙处在此。冯可宾《岕茶笺》载："茶壶，窑器为上……茶壶以小为贵，每一客，壶一把，任其自斟自饮，方为得趣。何也？壶小则香不涣散，味不耽搁。"可以说，这时的饮茶法，茶壶居主要地位，其大小、好坏关系到茶味。

现代茶器延续了明代以来的传统，也产生出新兴的茶器。无论从材质上、造型上，都有新的特色。常用的茶器就有十余种：如茶壶、盖碗、托器、茶海、茶荷、渣匙、茶盘等。

### （一）煮水壶

烧水用器。有银、铁、铝、陶、玻璃等材质。潮汕工夫茶泡法多用风炉煮水。

### （二）茶壶

宜兴紫砂壶其泥质优良，透气性佳，可塑性好，壶身久泡温润如玉，富有神韵、意趣。茶人有养壶之习惯，紫砂壶在明代迅速传播，以江苏宜兴丁蜀镇产驰名。明代有供春、时大彬，清代则有陈鸣远、杨彭年，现代为顾景舟、蒋蓉等著名大师，其所制作品流传于世。品岩骨花香之武夷岩茶，尤为适合。

### （三）盖碗

最早在西蜀一带流行，传说为唐代成都太守崔宁之女所发明。盖碗共分三部分：茶碗、碗盖、茶托（亦称茶船），多为陶瓷制成。盖碗因敞口冲泡方便，亦可多用，茶托让茶水不易溅出，且避免烫手，颇受欢迎。

### （四）匀杯

匀杯，又称公道杯，有三人以上品茗，以匀杯容纳茶汤，使冲泡各次之茶浓淡一致，供品茗者均衡享用。

### （五）品茗杯

以不同质地、颜色、形状、大小、高低、厚薄的杯子品茶，茶汤的香气和滋味就会呈现不同的气质。饮用茶杯以小为上。郑杰《武夷茶考略》：尝武夷茶，“须用小壶、小盏。以壶小则香聚，盏小可入唇，香流于齿牙而入肺腑矣”。以白釉或浅色为佳，可观汤色。

### （六）茶则

又称茶匙，舀取茶叶用。避免用手直接取茶叶，以免沾染杂味。

### （七）茶荷

从茶罐中取干茶，铲茶入荷，可供人欣赏茶叶外观，亦方便置茶于壶中，

清代盖碗

可防茶叶外落，避免“手抓”的不卫生习惯。

此外，还有闻香杯、茶通、茶巾、杯托、盖置、水盂以及各种插花、香道用具等，这里不赘述。如今的茶器更加生活化、时尚化、艺术化与现代化，可以根据不同情况，选用与茶搭配适宜的茶器。

## 三、饮茶方式

明以后的武夷茶冲泡方式，主要是工夫茶泡法，即小壶泡法。清代文人袁枚一开始不喜武夷茶，嫌它浓苦如饮药。后来他再游武夷山，僧道以茶款待，袁枚饮罢写道：

僧道争以茶献，杯小如胡桃，壶小如香橼，每斟无一两。上口不忍遽咽，先嗅其香，再试其味，徐徐咀嚼而体贴之。果然清芬扑鼻，舌有余甘。一杯之后，再试一二杯，令人释躁平矜，怡情悦性。始觉龙井虽清而味薄矣，阳羡虽佳而韵逊矣。颇有玉与水晶，品格不同之故。故武夷享天下盛名，真乃不忝。且可以瀹至三次，而其味犹未尽。

茶席

这就是小壶冲泡武夷茶的记载。袁枚《试茶》诗云：“道人作色夸茶好，瓷壶袖出弹丸小。一杯啜尽一杯添，笑杀饮人如饮鸟。……我震其名愈加意，细咽欲寻味外味。杯中已竭香未消，舌上徐停甘果至。”小壶泡法，可品出武夷茶香醇回甘的特点。

无论煎茶、点茶，以至明清以后的泡茶之流，都具有文人雅致清和的韵味，是中国茶道的体现。在武夷茶的视场中，小壶功夫泡法与武夷茶的质量特征相得益彰。清人高继珩《蝶阶外史》记“工夫茶”，闽中最盛，“壶皆宜兴沙质，龚春、时大彬，不一式。每茶一壶，需炉铫（diào，煎药或烧水的器具）三候汤，初沸蟹眼，再沸鱼眼，至联珠沸则熟矣”。“第一铫水熟，注空壶中，荡之泼去；第二铫水已熟，预用器置茗叶，分两若干，立下壶中，注水，覆以盖，置壶铜盘内；第三铫水又熟，从壶顶灌之周四面，则茶香发

茶席

矣。瓯如黄酒卮，客至每人一瓯，含其涓滴，咀嚼而玩味之。若一鼓而牛饮，即以为不知味。”古人用蟹眼、鱼眼比喻水沸时的气泡，据此观察水沸之程度。煎茶重在煎水，旧出西蜀，“活水还须活火烹”。自唐而明，文人煎茶传承之。武夷茶可咀嚼可玩味，已然是高级的鉴评艺术。

工夫泡茶法提升了武夷茶的品鉴体验，帮助领略不同泡次茶汤的香气与滋味。郑杰《武夷茶考略》：“更尝小种茶，须用小壶、小盏。以壶小则香聚，盏小可入唇，香流于齿牙而入肺腑矣。”武夷茶传播到漳州泉州一带，当地盛行工夫茶，茶具精巧，用孟公壶、若深杯，品武夷小种茶，“饮必细啜久咀，否则相为嗤笑”。《龙溪县志》载：“近则远购武夷茶，以五月至，至则斗茶，必以大彬之礶，必以若深之杯，必以大壮之炉，扇必以琯溪之箑，盛必以长竹之筐。”壶可多次冲瀹而出，杯可细细品啜，功夫泡茶法对武夷茶特点的体现大有裨益。因此，品饮艺术的提升，有利于展现武夷茶清甘香醇的特性。

# 第四章　武夷茶的吟咏

- 武夷茶诗
- 武夷茶词
- 武夷茶歌

碧山深處絕纖埃面面軒窗
對水開穀雨乍過茶事
好鼎湯初沸有朋來
嘉靖辛卯山中茶事方盛
陸子傳過訪遂汲泉煮
而品之真一段佳話也
徵明製

品茶是古代文人生活的一部分，他们将其付诸文学与书画创作中，茶主题的诗画成为中国文化的重要组成部分。解读与赏析古代茶文学作品，有助于了解中国深厚而灿烂的茶文化。古代文人青睐武夷茶，在诗词歌赋中反复吟咏。这些作品也成为后世了解武夷茶历史文化的重要途径。

# 第一节　武夷茶诗

### 尚书惠蜡面茶

唐・徐夤（yín）

武夷春暖月初圆，采摘新芽献地仙[①]。

飞鹊印成香蜡片，啼猿溪走木兰船[②]。

金槽和碾沉香末，冰碗轻涵翠缕烟[③]。

分赠恩深知最异，晚铛（chēng）宜煮北山泉[④]。

**【注释】**

①地仙：武夷君，即武夷仙人。②香蜡片：唐代名茶，蜡面茶，因茶汤白如熔蜡，故名。木兰船：传说鲁班曾采用吴地木兰树刻木兰舟。③沉香末：指碾碎的茶末如沉香末。冰碗：青色越窑茶碗。④铛：煮茶器，似锅，三足。

**【导读】**

徐夤（873—?），也称徐寅，字昭梦，莆田（治今福建莆田市）人。有《徐正字诗赋》二卷。本诗开篇即云："武夷春暖月初圆，采摘新芽献地仙"，

〔唐〕阎立本:《萧翼赚兰亭图》(局部)

明确指出武夷茶的制作时间和风俗。全诗述蜡面茶制作与品饮之过程，由此观之，晚唐五代时期，武夷茶已经开始扬名。

## 龙凤茶

宋·王禹偁

样标龙凤号题新，赐得还因作近臣。
烹处岂期商岭外[1]，碾时空想建溪春[2]。
香于九畹（wǎn）芳兰气，圆似三秋皓月轮[3]。
爱惜不尝惟恐尽，除将供养白头亲[4]。

**【注释】**

① 商岭：商山，在今陕西商洛市商州区东南。淳化二年（991），王禹偁被贬为商州团练副使。② 建溪：水名，为闽江北源。③ 九畹：《离骚》载，“余

既滋兰之九畹兮，又树蕙之百亩”。三十亩曰畹，九畹多于百亩。④白头亲：年老的父母。

【导读】

王禹偁（954—1001），字元之，巨野（今山东巨野）人。北宋诗文革新运动的先驱。著有《小畜集》。欧阳修《归田录》载：“茶之品无有贵于龙凤团者，小龙团凡二十饼，重一斤，值黄金二两。”本诗“样标龙凤号题新，赐得还因作近臣”一句点明龙凤茶之珍贵，是御赐给近臣的上品。作者亦盛赞龙凤团茶外形珊珊可爱、内质香远益清，对建茶的喜爱与珍惜之情溢于言表。

## 建茶呈使君学士

宋·李虚己

石乳标奇品[①]，琼英碾细文。

试将梁苑雪[②]，煎勋建溪云。

清味通宵在，余香隔坐闻。

遥思摘山月，龙焙未春分。

【注释】

①石乳：茶名，宋太祖令造，称之“建安之品”。②梁苑雪：南朝宋谢惠连为《雪赋》，曲尽描绘梁苑大雪景色，传为妙文。此处指茶叶。

【导读】

李虚己（公元1001年前后在世），字公受，建安（治今福建建瓯）人，约宋真宗咸平中前后在世。著有《雅正集》二十卷。李虚己熟悉家乡风物，推崇“建茶”。本诗夸赞建茶的优良品质及建人卓越的制茶工艺。

## 北苑焙新茶

宋・丁谓

北苑龙茶者，甘鲜的是珍[1]。

四方惟数此，万物更无新。

才吐微茫绿，初沾少许春。

散寻萦树遍，急采上山频。

宿叶寒犹在，芳芽冷未伸。

茅茨溪口焙[2]，篮笼雨中民。

长疾勾萌并[3]，开齐分两均。

带烟蒸雀舌，和露叠龙鳞[4]。

作贡胜诸道，先尝只一人。

缄封瞻阙下，邮传渡江滨。

特旨留丹禁[5]，殊恩赐近臣。

啜为灵药助，用与上樽亲。

头进英华尽，初烹气味醇。

细香胜却麝（shè）[6]，浅色过于筠[7]。

顾渚惭投木，宜都愧积薪。

年年号供御[8]，天产壮瓯闽。

【注释】

①北苑：地名，在建州（治今福建建瓯）凤凰山。②茅茨：指简陋的居室。③勾萌：草木的嫩芽。④龙鳞：幼竹。幼竹有箨（tuò，草木的皮或衣），如龙鳞状。与上文“雀舌”，皆指茶。⑤丹禁：帝王所住的皇宫。⑥麝：指麝香，有特殊香气，可制香料，也可入药。⑦筠：竹子。⑧供御：进奉于帝王。

【导读】

丁谓（966—1037），字谓之，后更字公言，长洲（今苏州市吴中区）人。丁谓历官参知政事、枢密使、同中书门下平章事等，前后共在相位七年。丁氏在真宗咸平元年任福建路转运使，管理北苑茶的制造，首创“大小龙团”。本诗即是对北苑茶生产过程及纳贡前后的细致描述。

## 和章岷从事斗茶歌

宋 • 范仲淹

年年春自东南来，建溪先暖冰微开。溪边奇茗冠天下，武夷仙人从古栽。新雷昨夜发何处，家家嬉笑穿云去。露芽错落一番荣，缀玉含珠散嘉树[①]。终朝采掇未盈襜（chān）[②]，唯求精粹不敢贪。研膏焙乳有雅制，方中圭兮圆中蟾[③]。北苑将期献天子，林下雄豪先斗美。鼎磨云外首山铜，瓶携江上中泠水[④]。黄金碾畔绿尘飞，紫玉瓯中雪涛起。斗茶味兮轻醍醐，斗茶香兮薄兰芷。其间品第胡能欺，十目视而十手指。胜若登仙不可攀，输同降将无穷耻。吁嗟天产石上英，论功不愧阶前蓂。众人之浊我可清，千日之醉我可醒[⑤]。屈原试与招魂魄，刘伶却得闻雷霆。卢仝敢不歌，陆羽须作经。森然万象中，焉知无茶星。商山丈人休茹芝，首阳先生休采薇[⑥]。长安酒价减百万，成都药市无光辉。不如仙山一啜好，泠然便欲乘风飞。君莫羡花间女郎只斗草[⑦]，赢得珠玑满斗归。

【注释】

① 嘉树：指茶树。《茶经》载，“茶者，南方之嘉木也”。② 襜：系在身前的围裙。③ 方中圭兮圆中蟾：指茶的形状，方形如圭，圆形如月。④ 首山铜：黄帝铸鼎炼丹，曾采铜此山。中泠水，有“天下第一泉”之称。⑤ 众人之浊：引用屈原典故《渔父》“举世皆浊我独清”。千日之醉：化用刘伶典故。

刘伶，竹林七贤之一，嗜酒。⑥ 商山丈人：秦末东园公、绮里季、夏黄公、甪里先生，避秦乱，隐商山，年皆八十有余。首阳先生：伯夷、叔齐独行其志，耻食周粟，饿死首阳山。⑦ 斗草：一种古代游戏。竞采花草，比赛多寡优劣，常于端午举行。

**【导读】**

范仲淹（989—1052），字希文，苏州吴县（今苏州市吴中区）人。有《范文正公文集》传世。此诗作于景祐元年（1034），是一首脍炙人口的茶诗。斗茶习俗在产贡茶的建溪之地风行不已，范仲淹与从事章岷实地考察斗茶风俗，各以一首“斗茶歌”相和酬唱，故得名。诗歌描绘茶叶所生高山之境，采茶制茶之精，斗茶点茶之巧，茶胜于仙草之功，茶可助君子节操之修。

## 荔支叹

宋·苏轼

十里一置飞尘灰[①]，五里一堠（hòu）兵火催[②]。颠坑仆谷相枕藉，知是荔支龙眼来。飞车跨山鹘（hú）横海[③]，风枝露叶如新采。宫中美人一破颜[④]，惊尘溅血流千载。永元荔支来交州，天宝岁贡取之涪。至今欲食林甫肉，无人举觞酹伯游[⑤]。我愿天公怜赤子，莫生尤物为疮痏（wěi）[⑥]。雨顺风调百谷登，民不饥寒为上瑞。君不见，武夷溪边粟粒芽，前丁后蔡相笼加[⑦]。争新买宠各出意，今年斗品充官茶[⑧]。吾君所乏岂此物，致养口体何陋耶。洛阳相君忠孝家，可怜亦进姚黄花[⑨]。

**【注释】**

① 置：站。② 堠：站。③ 鹘：海鹘，古代一种快船。④ 宫中美人：指杨贵妃。⑤ 伯游：作者自注，“汉永元中交州进荔支龙眼，十里一置，五里一堠，奔腾死亡，罹猛兽毒虫之害者无数。唐羌字伯游，为临武长，上书言

状，和帝罢之。唐天宝中盖取涪州荔支，自子午谷路进入”。⑥ 尤物：特别稀罕的事物。疮痏：疮伤。⑦ 粟粒芽：武夷山名茶。前丁后蔡：指丁谓和蔡襄。⑧ 作者自注：“大小龙茶始于丁晋公，而成于蔡君谟。欧阳永叔闻君谟进小龙团，惊叹曰：君谟士人也，何至作此事！今年闽中监司乞进斗茶，许之。”⑨ 姚黄花：牡丹花名品。作者自注，“洛阳贡花自钱惟演始”。

**【导读】**

苏轼（1037—1101），字子瞻，号东坡居士，眉州眉山（今眉山市东坡区）人。北宋中期的文坛领袖，文学巨匠，唐宋八大家之一。父苏洵、弟苏辙都是著名的文学家。本诗作于哲宗绍圣二年（1095），其时作者正被贬谪在广东惠州。建安北苑贡茶与广东的荔枝、洛阳的牡丹乃世间极品，当其成为贡品，便给人民带来苦难。武夷贡茶自丁谓、蔡襄始。苏轼对丁谓、蔡襄贡茶谄媚、“洛阳忠孝家”钱惟演进贡牡丹之王“姚黄”以邀宠进行辛辣讽刺。

## 生日王郎以诗见庆次其韵并寄茶二十一片

宋・苏轼

《折杨》新曲万人趋，独和先生《于芳于》[①]。

但信椟藏终自售，岂知碗脱本无橅[②]。

朅从冰叟来游宦，肯伴臞仙亦号儒[③]。

棠棣并为天下士，芙蓉曾到海边郛（fú）[④]。

不嫌雾谷霾松柏，终恐虹梁荷栋桴（fú）[⑤]。

高论无穷如锯屑，小诗有味似连珠。

感君生日遥称寿，祝我余年老不枯。

未办报君青玉案，建溪新饼截云腴[⑥]。

【注释】

①《折杨》：古俗曲。《于芀于》典出《新唐书·元德秀传》，“德秀惟乐工数十人，联袂歌《于芀于》。《于芀于》者，德秀所为歌者。帝闻，异之，叹曰：‘贤人之言哉！’”②椟藏：出自《论语·子罕》，“有美玉于斯，韫椟而藏诸？求善贾而沽诸？”后人常以椟藏比喻待价而沽。碗脱：谓人如脱于同一模型之碗，个个如此。多指滥用官吏，不加选择。橅（mó）：通摸。③朅（qiè）：离去。冰叟：也作冰翁，指岳父。臞仙：典出《史记·司马相如列传》，“形容甚臞。”借称身体清瘦而精神矍铄的老人。文人学者亦往往以此自称。④棠棣：指兄弟。郛：外城。⑤桴：房屋大梁上的小梁，也叫桴子。⑥青玉案：词牌名。取义于东汉张衡《四愁诗》“何以报之青玉案”句。建溪：福建闽江上游的建溪，贯穿今建瓯市全境，其上又有南浦溪、崇阳溪和松政溪，均于建瓯市汇合。云腴：北苑茶名称之一。黄儒《品茶要录》载，“借使陆羽复起，阅其金饼，味其云腴，当爽然自失矣。”王象晋《群芳谱·茶谱小序》载，“瓯泛翠涛，碾飞绿屑，不藉云腴，孰驱睡魔。”

【导读】

宋人以建州茶为贡，特设建溪北苑官焙、郝源私焙以贡茶。建茶中的龙凤团茶以礼物的形式多次出现在诗歌中，本诗作者即寄送建茶二十一饼给友人。

## 和钱安道寄惠建茶

宋·苏轼

我官于南今几时，尝尽溪茶与山茗。

胸中似记故人面，口不能言心自省。

为君细说我未暇，试评其略差可听。

建溪所产虽不同，一一天与君子性。

森然可爱不可慢，骨清肉腻和且正[①]。

雪花雨脚何足道[②]，啜过始知真味永。

纵复苦硬终可录，汲黯少戆宽饶猛[③]。

草茶无赖空有名，高者妖邪次顽懭（kuǎng）[④]。

体轻虽复强浮泛，性滞偏工呕酸冷。

其间绝品岂不佳，张禹纵贤非骨鲠[⑤]。

葵花玉銙（kuǎ）不易致[⑥]，道路幽险隔云岭。

谁知使者来自西，开缄磊落收百饼[⑦]。

嗅香嚼味本非别[⑧]，透纸自觉光炯炯。

粃糠团凤友小龙，奴隶日注臣双井[⑨]。

收藏爱惜待佳客，不敢包裹钻权幸。

此诗有味君勿传，空使时人怒生瘿（yǐng）[⑩]。

**【注释】**

① 腻：细腻。② 雪花雨脚：两种名茶。③ 汲黯、少戆、宽饶：皆刚直之人。此句以人的性格比喻茶性。④ 草茶：宋代蒸研后不经过压榨去膏汁的茶。无赖：可爱。妖邪：怪异。顽懭：凶而下劣。⑤ 骨鲠：刚直。⑥ 葵花玉銙：北苑贡茶。⑦ 磊落：多。⑧ 嗅香嚼味：见《茶经·六之饮》“嚼味嗅香，非别也”，此句言建茶品质优异，透纸可见光彩。⑨ 团凤：龙凤团茶。小龙：小龙茶。日注：草茶中的极品。双井：洪州双井白芽，其品质远出日注。⑩ 怒生瘿：多因郁怒忧思过度而导致的甲状腺肿大等症。

**【导读】**

苏轼品评天下茶，独爱建茶，以为它似君子：“森然可爱不可慢，骨清肉腻和且正。”“骨清肉腻”则描写了茶之清澈与细腻，是茶香和茶味的表达。

# 记梦回文二首（并叙）

宋 • 苏轼

十二月二十五日，大雪始晴，梦人以雪水烹小团茶，使美人歌以饮。余梦中为作回文诗，觉而记其一句云：乱点余花唾碧衫。意用飞燕唾花故事也，乃续之为二绝句云。

**其一**

酡（tuó）颜玉碗捧纤纤，乱点余花唾碧衫[①]。

歌咽水云凝静院，梦惊松雪落空岩。

**其二**

空花落尽酒倾缸，日上山融雪涨江。

红焙浅瓯新活火，龙团小碾斗晴窗[②]。

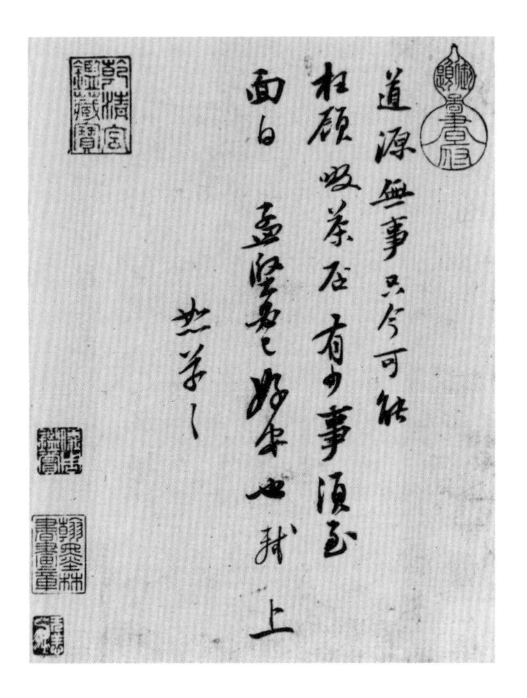
道源無事只今可能
枉顧啜茶否 有少事須至
面白 孟堅必已好安也 軾上
恕草〻

〔宋〕苏轼:《啜茶帖》

【注释】

① 酡颜：醉颜，谓美女饮酒后面色红润（酡同“酡”）。花唾衫碧：《赵飞燕外传》载“后与其妹婕妤坐，后误唾婕妤袖，婕妤曰：‘姊唾，染人绀袖，正似石上华。假令尚方为之，未必能如此衣之华。’” ② 晴窗：明亮的窗户。

【导读】

苏轼在雪后天晴初梦见他人以雪水烹小团茶，梦中得诗句“乱点余花唾碧衫”，醒来以诗记梦中茶事，更增添诗歌另外一番趣味。

## 茶灶

宋・朱熹

仙翁遗石灶[①]，宛在水中央。

饮罢方舟去[②]，茶烟袅细香。

【注释】

① 石灶：指茶灶石，在武夷山五曲溪水中。② 方舟：两船相并。

【导读】

朱熹（1130—1200），字元晦，又字仲晦，号晦庵，晚称晦翁，谥文，世称朱文公。祖籍徽州婺源（今江西婺源），出生于南剑州尤溪（今福建尤溪）。宋朝著名的理学家、思想家、哲学家、教育家、诗人，闽学派的代表人物，儒学集大成者，世尊称为“朱子”。朱熹著述甚多，有《四书章句集注》《太极图说解》《通书解说》《周易读本》《楚辞集注》，后人辑有《朱子大全》《朱子集语象》等。

朱熹常年居住在武夷山，喜爱武夷山水及武夷茶，在游览九曲溪时见茶灶，故以诗记之。

## 建安雪

宋・陆游

建溪官茶天下绝，香味欲全须小雪[①]。

雪飞一片茶不忧，何况蔽空如舞鸥。

银瓶铜碾春风里[②]，不枉年来行万里。

从渠荔子腴玉肤[③]，自古难兼熊掌鱼。

【注释】

①香味欲全须小雪：李纲《建溪再得雪乡人以为宜茶》载“闽岭今冬雪再华，清寒芳润最宜茶”。②瓶：汤瓶。碾：茶碾。③荔子：荔枝。

【导读】

陆游（1125—1210），字务观，号放翁，越州山阴（今浙江绍兴）人。绍兴中应礼部试，为秦桧所黜。后孝宗即位，赐进士出身，曾任镇江、隆兴通判，官至宝章阁待制。晚年退居家乡。他是南宋的大诗人，词也很有成就。有《剑南诗稿》《放翁词》传世。陆游创作过不少以茶为主题的诗歌，并把饮茶作为生活中一项重要的事情。陆游在诗中指出建溪官茶是天下绝品，春天饮茶能够涤忧解烦，是一种享受，是其他事情无法比拟的。

## 伯坚惠新茶绿橘香味郁然便如一到江湖之上戏作小诗二首

宋・刘著

### 其一

建溪玉饼号无双，双井为奴日铸降[①]。

忽听松风翻蟹眼，却疑春雪落寒江[②]。

**其二**

黄苞犹带洞庭霜[3]，翠袖传看绿叶香。

何待封题三百颗，只今诗思满江乡。

【注释】

①双井为奴日铸降：此句言建溪茶远胜双井与日铸茶。②却疑春雪落寒江：煎茶时茶汤花在水中漂浮好似春雪落入寒江。春雪指茶。③黄苞：橘的外皮，也指橘子。韩翃《家兄自山南罢归献诗叙事》："黄苞柑正熟，红缕鲙仍鲜。"

【导读】

刘著，生卒年不详，字鹏南，晚号玉照老人。舒州（治今安徽潜山）人。政和、宣和年间登进士第。刘著此诗极言建茶之好，用了"号无双"这样的评价，指出建茶茶味浓郁、香气独特。诗句化用苏轼茶诗诗句，认为建茶可助诗思。

## 西域从王君玉乞茶因其韵七首[1]

元·耶律楚材

**其一**

积年不啜建溪茶，心窍黄尘塞五车[2]。

碧玉瓯中思雪浪[3]，黄金碾畔忆雷芽。

卢仝七碗诗难得，谂老三瓯梦亦赊[4]。

敢乞君侯分数饼，暂教清兴绕烟霞。

**其二**

厚意江洪绝品茶[5]，先生分出蒲轮车[6]。

雪花滟滟浮金蕊[7]，玉屑纷纷碎白芽。
破梦一杯非易得，搜肠三碗不能赊。
琼瓯啜罢酬平昔，饱看西山插翠霞。

**其三**

高人惠我岭南茶，烂赏飞花雪没车[8]。
玉屑三瓯烹嫩蕊，青旗一叶碾新芽。
顿令衰叟诗魂爽[9]，便觉红尘客梦赊。
两腋清风生坐榻，幽欢远胜泛流霞。

**其四**

酒仙飘逸不知茶，可笑流涎见曲车[10]。
玉杵和云舂素月，金刀带雨剪黄芽。
试将绮语求茶饮[11]，特胜春衫把酒赊[12]。
啜罢神清淡无寐，尘嚣身世便云霞。

**其五**

长笑刘伶不识茶，胡为买锸谩随车[13]。
萧萧暮雨云千顷，隐隐春雷玉一芽。
建郡深瓯吴地远，金山佳水楚江赊。
红炉石鼎烹团月，一碗和香吸碧霞。

**其六**

枯肠搜尽数杯茶，千卷胸中到几车。
汤响松风三昧手，雪香雷震一枪芽。
满囊垂赐情何厚，万里携来路更赊。

清兴无涯腾八表[14]，骑鲸踏破赤城霞[15]。

**其七**

啜罢江南一碗茶，枯肠历历走雷车[16]。

黄金小碾飞琼屑，碧玉深瓯点雪芽。

笔阵陈兵诗思勇[17]，睡魔卷甲梦魂赊。

精神爽逸无余事，卧看残阳补断霞。

**【注释】**

①王君玉：成吉思汗时，应诏西征，统率偏师。与丘处机、耶律楚材交善，诗歌唱和之作颇多。②五车：即五车书。《庄子》载“惠施多方，其书五车”。后用以形容读书多，学问渊博。此处指钻研学问。③雪浪：茶汤花。黄庭坚《阮郎归·茶词》载“消滞思，解尘烦，金瓯雪浪翻”。④谂老：即赵州从谂禅师。“谂老三杯”即禅门公案“吃茶去”。⑤江洪绝品茶：江州和洪州在今江西。宋时，两州皆设榷茶场。洪州另有名茶西山白露及鹤岭茶。⑥蒲轮车：古时迎接贤士时，以蒲草包裹车轮，以减少颠簸。⑦滟滟：水波粼粼的样子。⑧烂赏：纵情欣赏。⑨衰叟：作者自称。⑩曲车：载酒的车辆。⑪绮语：文藻华丽的词句。⑫春衫：年轻时的自己。⑬长笑刘伶不识茶，胡为买锸谩随车：《世说新语》引《名士传》，“（刘伶）常乘鹿车，携一壶酒，使人荷锸相随之，云‘死便掘地以埋’”。⑭八表：八方之外，指极远的地方。⑮骑鲸：亦作“骑京鱼”，扬雄《羽猎赋》载“乘巨鳞，骑京鱼。”李善注：“京鱼，大鱼也。字或为鲸。鲸亦大鱼也。”指修仙得道。赤城：天台山。⑯历历：象声词。雷车：形容雷声像行车般震耳。此处形容肠胃蠕动发出的声响巨大。⑰笔阵：写文章。

**【导读】**

耶律楚材（1190—1244），字晋卿，号湛然居士，契丹族。义州弘政（治今辽宁义县）人。蒙古汗国成吉思汗、窝阔台汗时大臣，任事近三十年，官至中书令，元代立国规模多由其奠定。善诗文，著有《湛然居士文集》。

作者在诗中追忆昔日品尝建溪茶之场景。建溪茶的诸多功效令诗人深刻怀念，诗人用夸张的修辞手法叙述，表达出对建溪茶的喜爱之情。

## 咏武夷茶

元·杜本

春从天上来，嘘拂通寰海。

纳纳此中藏，万斛珠蓓蕾。

一径入烟霞，青葱渺四涯。

卧虹桥百尺[①]，宁羡玉川家[②]。

【注释】

① 卧虹桥百尺：引用武夷山“幔亭招宴”古老传说中的“虹桥”典故。② 玉川：卢仝的号。

【导读】

杜本（1276—1350），字伯原、原父（或作原文），号清碧，江西清江（今江西樟树）人，文学家、理学家，世称清碧先生。博学能文，留心经世，著有《清江碧嶂集》。

本诗引用了武夷山一个古老的传说“幔亭招宴”中的“虹桥”典故。秦始皇二年，武夷君、皇太姥和魏王子骞等武夷山十三仙人，于八月中秋在幔亭峰摆酒设宴，款待武夷乡民。

杜本在碧水丹山、风光秀丽的武夷山寓居三十多年，读书著述，终其一生。他亦爱武夷茶，故以诗咏之。

## 武夷茶

元 • 刘说道

灵芽得先春，龙焙收奇芬。

进入蓬莱宫[①]，翠瓯生白云。

坡诗咏粟粒[②]，犹记少时闻。

【注释】

① 蓬莱宫：仙人所居之宫。② 坡诗咏粟粒：指的是苏轼《荔支叹》“君不见武夷溪边粟粒芽”句。

【导读】

刘说道，生卒年不详，福建崇安（今福建武夷山市）人，诗人。武夷山地区自古产茶，元代更设立御茶园，为元代皇家专用采制贡茶的地方，在九曲溪第四曲之畔。刘说道为崇安人，熟悉武夷茶。他在诗中描述武夷茶吸收春天之灵气，加之良好的制作工艺，故有独特的香气。

## 武夷采茶词

明 • 徐𤊹（bó）

结屋编茅数百家，各携妻子住烟霞。

一年生计无他事，老稚相随尽种茶。

荷锸开山当力田，旗枪新长绿芊绵[①]。

总缘地属仙人管，不向官家纳税钱。

万壑轻雷乍发声，山中风景近清明。

筠笼竹筥相携去[②]，乱采云芽趁雨晴。

竹火风炉煮石铛，瓦瓶磲碗注寒浆。

啜来习习凉风起，不数松萝顾渚香[③]。

荒榛宿莽带云锄，岩后岩前选奥区[4]。

无力种田聊莳茗[5]，宦家何事亦征租。

山势高低地不齐，开园须择带沙泥。

要知风味何方美，陷石堂前鼓子西[6]。

【注释】

①芊绵：草木繁密茂盛的样子。②�竹管：采茶竹篮。③蒙山：产于四川蒙山的茶。有蒙顶甘露、蒙顶石花等名品。顾渚：产于浙江湖州顾渚山。顾渚紫笋为古代名茶。④荒榛宿莽：草木丛生的地方。奥区：腹地。⑤莳：栽种。⑥鼓子：武夷山鼓子峰。

【导读】

徐𤊹（1563—1639），藏书家、文学家、目录学家。字惟起，一字兴公，别号三山老叟、天竿山人、竹窗病叟、笔耕惰农、筠雪道人、绿玉斋主人、读易园主人、鳌峰居士。祖籍侯官（今福建福州），闽县（今福建福州）鳌峰坊人。采茶词细致地描述武夷茶的种植、采制与烹饮之情况。武夷茶生长与种植环境处于坑涧这样的地理环境，其微域气候与烂石沃土滋养茶树。清明前后，正是茶季忙碌时节，趁着晴天采茶，而所制之茶不亚于蒙山与顾渚茶。

## 谢卢石堂惠白露茶

明・蓝仁

武夷山里谪仙人[1]，采得云岩第一春。

丹灶烟轻香不变，石泉火活味逾新。

春风树老旗枪尽，白露芽生粟粒匀。

欲写微吟报佳惠[2]，枯肠搜尽兴空频[3]。

〔明〕文徵明《品茶图》(局部)

【注释】

① 谪仙人：谪居世间的仙人。② 佳惠：恩惠。③ 枯肠：比喻枯竭的文思。卢仝《走笔谢孟谏议寄新茶》诗载“三碗搜枯肠，唯有文字五千卷”。

【导读】

蓝仁（1315—?），字静之，福建崇安（今福建武夷山市）人。与弟蓝智俱师从杜本，崇尚古学，绝意仕进，一意为诗，为明初开闽中诗派先河者。有《蓝山集》行于世。此诗歌咏武夷茶，以新泉活火泡饮，写诗答谢惠赠之情。

## 御茶园歌

清・朱彝尊

御茶园在武夷第四曲，元于此创焙局安茶槽。

五亭参差一井洌，中央台殿结构牢。

每当启蛰百夫山下喊，摐金伐鼓声喧嘈[①]。

岁签二百五十户，须知一路皆驿骚[②]。

山灵丁此亦太苦，又岂有意贪牲醪。

封题贡入紫檀殿，角盘瘿枕怯薛操。

小团硬饼捣为雪，牛潼马乳倾成膏。

君臣第取一时快，讵知山农摘此田不毛。

先春一闻省帖下，樵丁荛竖纷逋逃[③]。

入明官场始尽革，厚利特许民搜掏。

残碑断臼满林麓，西皋茅屋连东皋。

自来物性各有殊，佳者必先占地高。

云窝竹窠擅绝品[④]，其居大抵皆岩嶅。

兹园卑下乃在隰[⑤]，安得奇茗生周遭。

但令废置无足惜，留待过客闲游遨。

古人试茶昧方法，椎钤罗磨何其劳[⑥]。

误疑爽味碾乃出，真气已耗若醴餔其糟。

沙溪松黄建蜡面，楚蜀投以姜盐熬。

杂之沉脑尤可憾，陆羽见此笑且咷[⑦]。

前丁后蔡虽著录，未免得失存讥褒。

我今携鎗石上坐[⑧]，箬笼一一解绳绦。

冰芽雨甲恣品第[⑨]，务与粟粒分锱毫[⑩]。

【注释】

①扻金伐鼓：喊山习俗，敲锣打鼓。②驿骚：扰动，骚乱。③荛竖：刈草打柴的童子。④云窝、竹窠：武夷山核心茶区。⑤隰：低湿的地方。⑥椎铃罗磨：见蔡襄《茶录》，砧椎用以碎茶，茶铃用以炙茶，茶罗用以筛茶，茶磨用以碾茶。⑦咷：哭。⑧鎗：通“铛”（chēng）。温器。⑨冰芽雨甲：武夷茶名。清蒋蘅（héng）《武夷茶歌》载“奇种天然真味存，木瓜微酽桂微辛。何当更续歌新谱，雨甲冰芽次第论”。⑩粟粒：武夷茶名。

【导读】

朱彝尊（1629—1709），字锡鬯，号竹坨，又号金风亭长、酝舫，晚称小长芦钓师。浙江秀水（今浙江嘉兴）人。清康熙十八年（1679）举博学鸿词，授检讨，寻入直南书房，曾参加纂修《明史》。博通经史，擅长诗词古文，为浙派词的创始者。

此诗生动呈现了武夷御茶园的兴衰历史。诗人同情诸多山农制作贡茶的艰辛困苦，并且披露君臣为满足一时的口腹之欲，强迫山农制茶而荒废粮食生产。明代御茶园被废除，但因为茶利丰厚允许山民在此处进行茶叶生产。诗人对武夷御茶园的旧壤是否适合种茶作了阐发。他认为好茶一定产于高处或者竹丛深处的多小石的山地，御茶园却居于低下的湿地，不可得“奇茗”。即使废弃此处种茶也并无可惜，至少风景秀美可供游览。

诗人对明之前的煮茶、点茶法一一点评。他认为宋人点茶经过罗、磨、碾等成茶末而冲点，实则伤了茶之“真气”。而沙溪茶制造时要加松黄（松花），建茶要涂蜡于饼面，楚蜀地方煮茶时要加生姜和食盐，建安贡茶还要加入如“沉香”“龙脑”等香料，即谓“杂之沉脑尤可憾”。他特意指出陆羽会讥讽此类品饮之法，可见他细读《茶经》，与陆羽一样不满混以杂饮，而损茶之真味的“人工浅易”的“病茶”之法。诗人携茶具上武夷，自冲自饮，虽“冰芽”“雨脚”茶和“粟粒”茶区别极其微小，他也可需细细分别。此诗随处可见朱彝尊的论茶之高见，可见诗人是深谙茶道的茶客。

## 武夷茶歌

清·释超全

建州团茶始丁谓，贡小龙团君谟制[①]。

元丰敕献密云龙，品比小团更为贵。

元人特设御茶园，山民终岁修贡事。

明兴茶贡永革除，玉食岂为遐方累。

相传老人初献茶，死为山神享庙祀。

景泰年间茶久荒，喊山岁犹供祭费。

输官茶购自他山，郭公青螺除其弊[②]。

嗣后岩茶亦渐生，山中借此少为利。

往年荐新苦黄冠[③]，遍采春芽三日内。

搜尽深山粟粒空，官令禁绝民蒙惠。

种茶辛苦甚种田，耘锄采摘与烘焙。

谷雨届期处处忙，两旬昼夜眠餐废。

道人山客资为粮，春作秋成如望岁。

凡茶之产准地利，溪北地厚溪南次[④]。

平洲浅渚土膏轻，幽谷高崖烟雨腻。

凡茶之候视天时[⑤]，最喜天晴北风吹。

苦遭阴雨风南来，色香顿减淡无味。

近时制法重清漳[⑥]，漳芽漳片标名异。

如梅斯馥兰斯馨，大抵焙时候香气。

鼎中笼上炉火温，心闲手敏工夫细[⑦]。

岩阿宋树无多丛，雀舌吐红霜叶醉[⑧]。

终朝采采不盈掬，漳人好事自珍秘。

积雨山楼苦昼间，一宵茶话留千载。

重烹山茗沃枯肠，雨声杂沓松涛沸。

【注释】

①君谟：蔡襄的字。②郭公青螺：郭子章，明江西泰和（今江西泰和）人，号熙圃，又号青螺，官至兵部尚书。③黄冠：道士。④溪北地厚溪南次：溪，指九曲溪。《武夷纪要》："诸山皆有，溪北为上，溪南次之，洲园为下。而溪北惟接笋峰、鼓子岩、金井坑者为尤佳。"⑤凡茶之候视天时：郭柏苍《闽产录异》载"凡茶树，宜日、宜风，而厌多风。日多则茶不嫩。采时宜晴，不宜雨。雨则香味减"。⑥清漳：泉州、漳州。⑦心闲手敏工夫细：指制茶手法精细。王复礼《茶说》载"茶采而摊，摊而摝，香气发越即炒，过时不及皆不可。既炒既焙，复拣去其中老叶枝蒂，使之一色。释超全诗云：'如梅斯馥兰斯馨，心闲手敏工夫细。'形容殆尽矣"。⑧宋树：武夷名丛。郭柏苍《闽产录异》载"为铁罗汉、坠柳条，皆宋树，又仅止一株，年产少许"。雀舌：武夷名丛。

【导读】

释超全（1627—1712），俗名阮旻锡，字畴生，号梦庵，自称"轮山遗衲"，祖居金陵，明洪武年间移居福建同安县（今福建厦门市同安区）。性嗜茶，康熙间至武夷山天禅寺为茶僧。《武夷茶歌》乃在天心常住时所写。

武夷山遍产名茶，僧道均精茶道，制茶最为得法。乌龙茶就创始于武夷山僧道之手。释超全身在茶乡，目染耳闻，深谙茶经，先后创作《武夷茶歌》和《安溪茶歌》，叙述了乌龙茶的制作工艺和品质，为福建乌龙茶留下了宝贵的历史资料。

此诗生动再现武夷茶从远古时期到清朝的发展历程，诸如武茶岩茶御茶贡茶历史、制茶工艺及丰富茶类，祭祀、喊山茶俗等。特别提到的武夷山地理环境、制作天气，真实生动。武夷茶土壤不同，茶则各异。溪北的土层比溪南的深厚，而平洲、浅渚的茶园土壤贫瘠稀薄，高处岩边的茶园多雾，即曰"平洲浅渚土膏轻，幽谷高崖烟雨腻"。天气对茶叶的采摘极为关键，采茶的天气以天晴吹北风为好，而连续的阴雨天，采摘的茶叶色香差且味淡。武夷岩茶的采摘与其他品种有极大的差异。即谓“凡茶之候视天时，最喜天晴北风吹。苦遭阴雨风南来，色香顿减淡无味”。制茶用漳州人的制法，可使茶香浓郁，有梅兰之香，故诗曰：“如梅斯馥兰斯馨，大抵焙时候香气。”诗人闲适煮武夷岩茶而作此诗，诗曰：“积雨山楼苦昼间，一宵茶话留千载。重烹山茗沃枯肠，雨声杂沓松涛沸。”雨中登楼，煮茗赏景，成茶之佳话，好不惬意！

## 武夷茶

清·陆廷灿

桑苎家传旧有经①，弹琴喜傍武夷君。

轻涛松下烹溪月，含露梅边煮岭云。

醒睡功资宵判牒②，清神雅助昼论文。

春雷催茁仙岩笋，雀舌龙团取次分。

【注释】

①桑苎：指桑苎翁，即陆羽。②牒：文书。

【导读】

陆廷灿，生卒年不详。字扶照，一字幔亭，江苏嘉定（今上海市嘉定区）人，曾任福建崇安知县。洁己爱民，性嗜茶。因县内武夷山是著名的茶叶产地，故其在任上广泛涉猎茶叶史料，谙熟茶事，著《续茶经》。是书分上中下三卷，约七万余字，体例同《茶经》。由于《茶经》中没有“茶法”这一内容，因此陆廷灿增添《茶经》所无的“历代茶法”，附录于书后。此书史料价值极高，条理分明，征引繁富，颇切实用。

诗人感慨陆羽《茶经》传世，自称是陆羽的后人，又言自喜武夷山茶的闲适雅致之乐，可见其自诩为茶人雅客，其著《续茶经》乃天地人和的自然之为了。诗人在月下、松下取水煮茶，这里的“溪”“露”都是天然的好水，就地取来煮茶再好不过。“涛”“云”正是煮茶泡沫精华而成美好意象。“轻涛松下烹溪月，含露梅边煮岭云”是历代茶人追求自然合一的茶乐的意境的描绘，也能见出诗人深知饮茶之奥妙所在。在武夷山弹琴、烹茶，与武夷仙人似乎亲密无间，自有无穷乐趣。武夷茶可振奋精神，即使诗人白日赋诗论文，通宵处理公务亦可。春雷打动了春茶的苏醒，龙团茶当采茶叶最佳者，乃“雀尖”者，须优于一枪一旗分出次第、名次。

## 御赐武夷芽茶恭记

清·查慎行

幔亭峰下御园旁，贡入春山采焙乡。

曾向溪边寻粟芽，却从行在赐头纲[①]。

云蒸雨润成仙品，器洁泉清发异香。

珍重封题报京洛[②]，可知消渴赖琼浆。

【注释】

① 头纲：指惊蛰前或清明前制成的首批贡茶。② 京洛：京城。

【导读】

查慎行（1650—1728），原名嗣琏，字夏重，改名慎行。号查田，后改字悔余，晚筑初白庵以居，故又称初白，浙江海宁（今浙江海宁盐官镇）人。康熙年间进士，官至翰林院编修。尚宋诗，学苏轼、陆游。诗学宋人，功力颇深，善用白描手法。著作有《敬业堂诗集》。

此诗生动描述了武夷御茶园的生态环境与制作工艺，突出武夷头春茶之珍贵在其味与功。官焙御茶园位于武夷山的幔亭峰下，采茶定选岩石溪边最鲜嫩的粟粒芽，烘焙成最精者头纲贡茶。以清泉煮茶，寸头寸芽尽仙品，茶香浓郁四方飘溢。作者得皇上赐茶，煎后散发异香，向京城汇报谢恩。

## 冬夜煎茶

清·爱新觉罗·弘历

清夜迢迢星耿耿，银檠明灭兰膏冷①。

更深何物可浇书，不用香醅（pēi）用苦茗②。

建城杂进土贡茶，一一有味须自领。

就中武夷品最佳，气味清和兼骨鲠。

葵花玉�旧标名，接笋峰头发新颖③。

灯前手擘小龙团，磊落更觉光炯炯。

水递无劳待六一④，汲取阶前清渫井。

阿童火候不深谙，自焚竹枝烹石鼎。

蟹眼鱼眼次第过⑤，松花欲作还有顷。

定州花瓷浸芳绿，细啜慢饮心自省。

清香至味本天然，咀嚼回甘趣逾永。

坡翁品题七字工⑥，汲黯少戆宽饶猛。

饮罢长歌逸兴豪，举首窗前月移影。

【注释】

①兰膏：以兰脂炼成的香膏，可以点灯。②香醅：美酒。③接笋峰：又名小隐峰，依倚在隐屏峰西，沿峭壁尖锐直上，形似巨笋，其间横裂三痕，断而仍续，故名。④六一：指六一泉。⑤鱼眼、蟹眼：沸汤时起小泡沫如鱼眼、蟹眼。⑥坡翁品题七字工：指苏轼《和钱安道寄惠建茶》诗，有“雪花雨脚何足道，啜过始知真味永。纵复苦硬终可录，汲黯少戆宽饶猛”句。

【导读】

爱新觉罗·弘历（1711—1799），清高宗，年号乾隆。烹茗读书，正好有福建土贡茶品，一一品味，道出“就中武夷品最佳”，因为它“气味清和兼骨鲠”，而茶正是出自武夷山接笋峰顶。乾隆皇帝是个善于烹茗的茶人，嫌茶童不谙烹茶技术，“自焚竹枝”，细啜慢饮心自省，体味出武夷茶的天然清香，甘味回舌，韵味隽永。全诗化用了苏轼的诗句，如《试院煎茶》的“蟹眼已过鱼眼生，飕飕欲作松风鸣”；《和钱安道寄惠建茶》的“雪花雨脚何足道，啜过始知真味永。纵复苦硬终可录，汲黯少戆宽饶猛”。作者深夜喝茶，又与苏轼对话，“饮罢长歌逸兴豪，举首窗前月移影”。

## 试　茶

清 • 袁枚

闽人种茶当种田，郄（qiè）车而载盈万千[①]。

我来竟入茶世界，意颇狎视心逌然[②]。

道人作色夸茶好，磁壶袖出弹丸小[③]。

一杯啜尽一杯添，笑杀饮人如饮鸟。

云此茶种石缝生，金蕾珠蘖殊其名[④]。

雨淋日炙俱不到，几茎仙草含虚清。

采之有时焙有诀，烹之有方饮有节。

譬如曲糵本寻常[⑤]，化人之酒不轻设。

我震其名愈加意，细咽欲寻味外味[⑥]。

杯中已竭香未消，舌上徐停甘果至[⑦]。

叹息人间至味存，但教卤莽便失真。

卢仝七碗笼头吃[⑧]，不是茶中解事人。

【注释】

①郄车：空车。②狎视：轻蔑。逌然：闲适，自得。③弹丸：形容壶小。④金蕾珠蘖：茶芽。范仲淹《和章岷从事斗茶歌》“缀玉含珠散嘉树”。⑤曲糵：酒曲。⑥味外味：袁枚《随园诗话》载“司空表圣论诗，贵得味外

味。余谓今之作诗者，味内味尚不能得，况味外味乎?”此处袁枚引申至饮茶感受。⑦ 杯中已竭香未消，舌上徐停甘果至：此句言饮茶时杯中有余香与回甘的体验。⑧ 卢仝七碗笼头吃：见卢仝《走笔谢孟谏议寄新茶》。

【导读】

袁牧（1716—1797），浙江钱塘（今浙江杭州）人，字子才，号简斋，晚年自号仓山居士、随园主人、随园老人，清朝乾嘉时期代表诗人、散文家、文学评论家。袁枚倡导“性灵说”，与赵翼、蒋士铨合称为“乾嘉三大家”，又与赵翼、张问陶并称“乾嘉性灵派三大家”，为“清代骈文八大家”之一。文笔与纪昀齐名，时称“南袁北纪”。

袁枚尝遍南北名茶，在他70岁那年，游览了武夷山，对武夷茶产生了特别的兴趣。他有一段记述：“余向不喜武夷茶，嫌其浓苦如药。然后再游武夷，到幔亭峰、天游寺诸处，僧道争以茶献。杯小如胡桃，壶小如香橼，每斟再试其味，徐徐咀嚼而体贴之，果然清芬扑鼻，舌有余甘。一杯之后，再试几杯，令人释躁平矜，怡情悦性，始觉龙井虽清而味薄矣；阳羡虽佳而韵逊矣。颇有玉与水晶品格不同之故。故武夷享天下盛名，真乃不忝。且可瀹至三次，而其味犹未尽。尝尽天下之茶，以武夷山顶所生，冲开白色者为第一。”《试茶》诗生动地描写闽茶种植、生产与饮茶风俗，特别是武夷茶饮茶艺术的描写，小壶小杯，以至于“饮人如饮鸟”，感受到武夷茶的人间至味：“我震其名愈加意，细咽欲寻味外味。杯中已竭香未消，舌上徐停甘果至。”一旦如卢仝那样痛饮“七碗”茶，则失茶之真。

## 御茶园旧贡茶有感

清 • 董天工

武夷粟粒芽[①]，采制献天家。

火分一二候，春别次初嘉。

婺源难比拟，北苑敢矜夸。

贡自高兴始[2]，端明千古污[3]。

【注释】

① 粟粒芽：茶名。② 高兴：元蔡州人，字功起。二十九年，为福建行省右丞，改平章政事，造办贡茶。③ 端明：指端明殿学士蔡襄，著有《茶录》，其创制贡茶以邀宠，实则扰民伤民，为人所不齿。见苏轼《荔支叹》。

【导读】

董天工（1703—1771），字村六，号典斋。福建崇安（今福建武夷山市）人，为曹墩董氏十二世祖，清雍正元年（1723）拔贡。董天工自幼生长在武夷山中，性爱山水，工于诗文，拔贡后便涉足官场，曾先后担任过福建宁德、河北新化县司铎、山东观城知县。董天工在河北任职期间，协助当地官府治理蝗灾立功受封，升任安徽池州知府。董天工清廉勤政，业绩可嘉，晚年致仕。董天工热心教育事业，晚年曾跨海东渡到台湾彰化县创办学校，广收学生，自任教谕，自编教材，普及文化教育，改变不良习惯。如今，彰化县许多地方还留有董天工祠，以纪念这位为台湾教育事业呕心沥血的曹墩人。董天工还根据自己在台湾的眼见耳闻，“靓山川之秀美，水土之饶沃，风俗之华丽，物产之丰隆，有见有闻，退而识之，稽成文献，编册成书”，刊刻了《台湾见闻录》四卷。

董天工以对比的方式，述武夷茶的前世今生，宋朝蔡襄创制贡茶邀宠，扰民不已，元代御茶园同样剥削茶农，这些都是作者睹物所见所思。

## 武夷山御茶园饮茶

赵朴初

云窝访茶洞，洞在仙人去。

今来御茶园，树亡存茶艺。

炭炉瓦罐烹清泉，茶壶中坐杯环旋。

茶注杯杯同复始，三遍注满供群贤。

饮茶之道亦宜会，闻香玩色后尝味。

一杯两杯七八杯，百杯痛饮莫辞醉，

我知醉酒不知茶，茶醉何如酒醉耶？

只道茶能醒心目，那知朱碧乱空花。

饱看奇峰饱看水，饱领友情无穷已。

祝我茶寿饱饮茶，半醒半醉回家里。

【导读】

赵朴初（1907—2000），安徽太湖人，社会活动家、宗教领袖、诗人、书法家。赵朴初先生喜爱饮茶，自称茶蒌子，还经常茶禅入诗，深得饮茶真趣，除了《武夷山御茶园饮茶》，还写过“七碗受至味，一壶得真趣。空持百千偈，不如吃茶去”等名句。

## 岩茶大红袍

庄晚芳

奇茗神话传古今，岩壁大红永在存。

气味清醇中外颂，益思去病人长春[1]。

【注释】

① 益思：华佗《食论》载“苦茶久食，益意思”。

【导读】

庄晚芳（1908—1996），福建惠安人，茶学家、茶学教育家，是我国茶树栽培学科的奠基人之一。毕生从事茶学教育与科学研究，培养了大批茶学人才。尤其在 1989 年，庄晚芳先生将现代茶文化升华到一个更高的境界，提出了“中国茶德”的设想，并将“中国茶德”精辟地概括为“廉、美、和、敬”四字。

## 与茶欢

和书

一同奉茶君，竹兰相与邻。
若得真滋味，烛照亦光明。

【导读】

和书，20 世纪 90 年代曾任武夷山市主要领导。某日，与几个好友相聚在武夷山一同山居，细品武夷岩茶，畅谈新时代美好生活，作者忽然有感而发，茶似人，人如茶，与茶相交犹如与君子相处，若得茶中真滋味，如同遇见真君子，哪怕只有一盏微弱的烛光，在心底、在眼中也是一片光明。故而随手写下《与茶欢》。

## 第二节　武夷茶词

### 满庭芳

宋・黄庭坚

北苑春风，方圭圆璧，万里名动京关[①]。碎身粉骨，功合上凌烟[②]。尊俎风流战胜，降春睡、开拓愁边。纤纤捧，研膏溅乳，金缕鹧鸪斑[③]。

相如虽病渴，一觞一咏，宾有群贤[④]。为扶起灯前，醉玉颓山[⑤]。搜搅心中万卷，还倾动、三峡词源[⑥]。归来晚，文君未寝[⑦]，相对小窗前。

**【注释】**

①方圭圆璧：指茶的形状。范仲淹《和章岷从事斗茶歌》："研膏焙乳有雅制，方中圭兮圆中蟾。"京关：京都。②凌烟：凌烟阁，唐朝为表彰功臣而建的高阁。③鹧鸪斑：建盏，有鹧鸪斑点的花纹。杨万里《陈蹇叔郎中出闽漕别送新茶李圣俞郎中出手分似》载"鹧斑碗面云萦字，兔褐瓯心雪作泓"。④相如虽病渴：《史记》称司马相如有消渴疾。一觞一咏：王羲之《兰亭集序》载"虽无丝竹管弦之盛，一觞一咏，亦足以畅叙幽情"。⑤醉玉颓山：形容男子风姿挺秀，酒后醉倒的风采。⑥搜搅心中万卷：卢仝《走笔谢

孟谏议寄新茶》载“三碗搜枯肠，唯有文字五千卷。”三峡词源：形容文思泉涌，如三峡急流，化用杜甫《醉歌行》“词源倒流三峡水，笔阵横扫千人军”。⑦文君：指卓文君，汉卓王孙之女，有才学。

【导读】

黄庭坚（1045—1105），字鲁直，自号山谷道人、涪翁，洪州分宁（今江西修水）人。北宋诗人、书法家黄庭坚以诗文受知于苏轼，为“苏门四学士”之一，又与苏轼齐名，世称“苏黄”。其诗宗法杜甫，风格奇硬拗涩。他开创了江西诗派，在两宋诗坛影响很大。词与秦观齐名，少年时多做艳词，晚年词风接近苏轼。有《山谷集》，自选其诗文名《山谷精华录》，词集名《山谷琴趣外篇》。又擅长行、草书，为“宋四家”之一，书迹有《华严疏》《松风阁诗》及《廉颇蔺相如传》等。此茶词出新意，言茶之功是降春睡、开拓愁边。又引出著名的建盏——金缕鹧鸪斑，膏乳交融于其中。词的下阕写邀朋呼侣集茶盛会。雅集品茶，连用四个典故。茶可解渴，故以“相如病渴”引起。他的宴宾豪兴，暗和茶会行令的本题，写出茶客们畅饮集诗、比才斗学的雅兴。这些体现了黄庭坚诗词“无一字无来处”的特点。

## 诉衷情

宋・张抡

闲中一盏建溪茶。香嫩雨前芽。砖炉最宜石铫（diào）[1]，装点野人家。

三昧手[2]，不须夸。满瓯花。睡魔何处，两腋清风，兴满烟霞。

【注释】

①石铫：陶制的小烹器。②三昧手：苏轼《送南屏谦师》载“道人晓出南屏山，来试点茶三昧手”。

【导读】

张抡（？—1162），字才甫，自号莲社居士，开封（治今河南开封）人。作者充满闲情逸致，以建溪茶助兴。不论烹茶器具，香嫩的雨前芽茶即能使人两腋清风，飘飘欲仙，足见建茶之魅力。

## 好事近

宋·王庭珪

宴罢莫匆匆，聊驻玉鞍金勒[①]。闻道建溪新焙，尽龙蟠苍璧。

黄金碾入碧花瓯，瓯翻素涛色。今夜酒醒归去，觉风生两腋[②]。

【注释】

①玉鞍金勒：形容华丽的马具。②觉风生两腋：卢仝《走笔谢孟谏议寄新茶》载“唯觉两腋习习清风生，蓬莱山，在何处？玉川子，乘此清风欲归去”。

【导读】

王庭珪（1079—1171），字民瞻，自号泸溪老人、泸溪真逸，吉州安福（今江西安福）人。性伉厉，为诗雄浑。政和八年（1118）登进士第，调茶陵丞，与上官不合，弃官隐居卢溪，因以自号。博学兼通，工诗，尤精于《易》。有《卢溪集》《易解》《沧海遗珠》等。此词言酒宴之奢华，酒宴后，以碧花瓯饮新建茶，觉风生两腋。

## 括意难忘

宋·林正大

汹汹松风[①]。更浮云皓皓，轻度春空。精神新发越，宾主少从容。犀箸厌[2]，涤昏懵。茗碗策奇功。待试与，平章甲乙[3]，为问涪翁[4]。

建溪日铸争雄。笑罗山梅岭，不数严邛[5]。胡桃添味永，甘菊助香浓。投美剂，与和同。雪满兔瓯溶。便一枕，庄周蝶梦，安乐窝中[6]。

【注释】

①汹汹：形容声音喧闹。②犀箸：用犀角制成的筷子。杜甫《丽人行》载“犀箸厌饫久未下，鸾刀缕切空纷纶”。③平章：品评。甲乙：次第、等级。④涪翁：黄庭坚别号。⑤严邛：指严州、邛州。⑥安乐窝：宋邵雍自号安乐先生，隐居苏门山，名其居为“安乐窝”。

【导读】

林正大，生卒年均不详，字敬之，号随庵。开禧中（1206）为严州学官。其好以前人诗文，檃栝其意，制为杂曲。传世作品有《风雅遗音》二卷，共计四十一首词。此词谈及建茶与建盏，建茶具有“涤昏懵”之功效，建盏中兔毫盏为珍品，以建盏饮建茶便是安乐自适。

## 定风波

宋・曹冠

万个琅玕（gān）筛日影[1]，两堤杨柳蘸涟漪。鸣鸟一声林愈静。吟兴。未曾移步已成诗。

旋汲清湘烹建茗，时寻野果劝金卮（zhī）[2]。况有良朋谈妙理。适意。此欢莫遣俗人知。

【注释】

①琅玕：竹子。②金卮：指金制酒器。

【导读】

曹冠，生卒年不详，字宗臣，号双溪，东阳（今浙江东阳）人。绍兴二十四年进士。有《双溪集》二十卷，《景物类要诗》十卷，词有《燕喜词》一卷。作者走进森林，感受自然之美，诗意翻涌。更汲水煮建茗，与友朋谈道，此一大乐事。

# 第三节　武夷茶歌

## 民间三遍采茶歌

头遍采茶茶发芽，手提篮子头戴花；姐采多来妹采少，采多采少早回家。二遍采茶正当春，采得茶来绣手巾；两头绣起茶花朵，中间绣起采茶人。三遍采茶忙又忙，采得茶来要插秧；插得秧来茶又老，采得茶来秧又黄。

【导读】

茶歌说的是头春、二春、秋天采茶的情景。其中“插得秧来茶又老，采得茶来秧又黄”，道出了茶人的矛盾，正如西晋杜育《荈赋》说的“月惟初秋，农工少休”，足见采茶的辛苦。

## 制茶民谣

人说粮如银，我道茶似金。武夷岩茶兴，全靠制茶经。一采二倒青，三摇四围水，五炒六揉金，七烘八拣梗，九复十筛分，道道工夫精。

【导读】

武夷岩茶制作技艺，历史悠久，工序繁杂，主要之程序为采摘、倒青、做青、炒青、揉捻、复炒、复揉、走水焙、扬簸、拣剔、复焙、归堆、筛分、拼配等。武夷岩茶要求技艺之高超，劳动强度与耗时量之大，制约因素之多，为其他制茶工艺少有。2006 年，武夷岩茶制作技艺被列入首批国家级非物质文化遗产名录。《制茶民谣》记录了繁杂的过程，说其“道道工夫精”，需要茶人的匠心精神。

清明过了谷雨边，打起包袱走福建。想起福建真可怜，半碗卤菜半碗盐。有朝一日回江西，吃碗青菜赛过年。

【导读】

福建系江西籍茶工对制茶地崇安之称，此句意即平素民间过年无不丰珍美味，回江西吃碗青菜，比武夷制茶期间所吃的来得有滋味，比过年时的山珍海味来得好，在茶季膳食之苦可以想见。

烧火师傅烧大火，炒青师傅要磨锅。揉茶师傅快快揉，看焙师傅来开火。簸茶师傅快快簸，簸到黄片没一个。

【导读】

炒茶时炒锅须烧大火，使锅变红，始可炒茶。未炒之前，锅刚烧热之时，即须用小蛋石磨锅，以免茶精沾于锅上，使茶叶品质劣变。茶揉捻后即入焙房焙之，掌握炒茶师傅即须调节焙火之炎弱。开火即将焙窟中之炭火翻开，使火旺盛。黄片即老茶叶，无法揉捻之茶叶，做茶时均须捡尽黄片，使制茶纯粹美观。

宁在江西觅食，不往崇安采茶。三餐硬饭难吃，高山峻岭难爬。

五十八两大秤，二分工钱难拿。欲问此是何厂，就是傅月生家。

**【导读】**

此首为一茶工所作，原不是山歌，但因描写茶工痛苦至为逼真，后传诵于武夷茶工间。五十八两秤系厂主剥削采茶工所用不合法定之伪衡器，意即五十八两作为一斤计给工价。资方之剥削劳动者实可骇人。昔时工贱时，每采茶青一斤，仅给工钱二分，每一采茶工勤劳终日尚不得温饱。“傅月生”系崇安桐木关茶区一大财主，茶山最多，对茶工最刻薄。

# 第五章　武夷茶的时代演绎

· 武夷茶旅

· 武夷茶会

· 武夷茶舍

武夷茶历经漫漫长路，发展至今，有了新的面貌。它于旅游、艺术、创意等方面演绎了多元形态的文化。本章介绍武夷茶旅、武夷茶会、武夷茶舍，带你领略武夷茶的演绎与时代魅力。

# 第一节　武夷茶旅

## 一、岩骨花香慢游道

岩骨花香慢游道位于武夷山风景区北部，四季皆可游览。慢游道从水帘洞沿天车架、流香涧至大红袍，全长 4.25 km。沿途不仅可以观赏历史悠久的古崖居遗构，观赏利用岩凹、石隙、石缝沿边砌筑石岸构成的“盆栽式”茶园，更可目睹武夷岩茶之王——“大红袍”母树的风姿，亲身体验武夷岩茶独特的生长地理环境，品味绿树成荫的生态景观，“杂树交阴，稀见曦景，涧水淙淙有声”。岩骨花香慢游道空气优良、景观优美、文化底蕴深厚，人文景观与自然景观完美融合，为高品质茶旅线路，深受游客喜爱。

武夷山景区内岩石多，土壤相对偏少，茶园主要是客土砌石而栽、依坡而种、就坑而植，造就了“岩岩有茶，非岩不茶”的茶园形态。慢游道随处可见。大红袍母树位于武夷山天心岩九龙窠崖壁，这样的种植形态，更成为武夷茶爱好者的朝圣之地。

从大红袍母树下沿慢游道一直可以走到水帘洞，中间经过鹰嘴岩到流香涧，“芳兰间发，麋鹿同途。水有断涧之声，壑无漏云之隙”，然后峰回路转，经过慧苑寺，到达慧苑坑。沿溪行走，即可到达水帘洞。水帘洞是武夷山最

岩骨花香慢游道

大的洞穴，洞门前有两股清泉从岩顶飞泻而下，形成“赤壁千寻晴拂雨，明珠万颗昼垂帘”的壮丽景观。岩壁上摩崖石刻比比皆是，“活源”两字最为著名。洞口外磴道的右侧，是碧绿沉翠的浴龙池。隔帘望去，洞外的茶园竹丛，

岩骨花香慢游道与挑青工人

村落人家，一片缥缈，宛如一幅诗意朦胧的山水画，别有一番韵致。

## 二、香江茗苑

武夷香江茗苑占地面积170亩，分为教育宣传区、观光体验区、娱乐休闲区、产品展示区，涵盖茶文化博览馆、茶叶全自动加工生产流水线、曲韵廊、名丛品种园、传统手工制茶作坊、问茶亭、茗香湖中庭水景、休闲品茗阁、企业文化馆、叶嘉茶馆、茗战厅等游览参观点。它是集茶叶种植、自动化加工生产、检测、茶产品展示、研发以及茶产业生态文化旅游等为一体化的大型综合茶文化体验式休闲旅游区。

茶文化博览馆，以名茶与名山、名茶与养生、名茶与名盏、名茶与名人、名茶与民俗等内容展示了武夷茶源远流长的历史，展品丰富，内容精彩。

在香江茗苑传统手工制茶坊，可体验做茶的过程，让游客了解与体验采茶、晒青、做青、杀青、揉捻、烘焙等制茶的全过程。

茶人之家陈列的是闽北武夷山地区改革开放以前的茶农家里常用的种茶、

香江茗苑全景

香江茗苑博物馆

香江茗苑大茶壶

香江茗苑传统制茶器具

手工制茶

香江茗苑自动化生产线

采茶、制茶的工具和部分生活用具。主要有采青篮、晒青筛、摇青机、风选机、揉茶机等，是武夷山劳动农民的智慧结晶。

茶叶全自动加工生产流水线传承传统乌龙茶加工方法，并结合现代化机械生产工艺，按照国家标准设计、与国际接轨，采用全封闭不锈钢制造，茶叶在加工过程中不落地，集全电节能、卫生环保于一体，实现计算机全程控制自动化生产。

茗战厅有一张目前国内最大的茶桌，中间只有一个高达十米的茶灶大茶壶，可同时容纳百人在此品茗斗茶。目前这里每天上演斗茶表演，游客可一睹茗战之盛况。

## 三、印象大红袍体验中心

用光影诉说武夷山震慑心灵的雄伟，大红袍沁润心脾的感动，让更多的人，放下无谓的烦恼，去感受生命的笑意、自然的美丽和人文的温情，是印象大红袍的初衷。

印象大红袍演出场景

印象大红袍演出场景

在75分钟的演出里，七饮大红袍的故事，既融汇了“茶”的真谛，又充满生活哲理，让每个观众在感受舞台上光影变幻的时候也会有自己的思考。雕梁画栋里盛装款款的舞者，舞动着一段梦回唐朝的华美绮丽；水畔绿地上游走的竹林中，肆意张扬着武侠的风骨，也浅浅弥散着斗茶的惬意；隔岸沙洲上的实景电影，演绎着大王和玉女的动人爱情，也带你走进人在画中的诗意情景；茶农们轻抚茶叶的轻灵素雅，百人摇青的跌宕宏大，都在武夷阁下一方宽广的茶园上；山水呼应之间，全体演员动情的告别，让人久久无法平静。

印象大红袍塑造了世界上最大的茶馆，希望每个人都能放下俗事，走进来歇一歇，品品茶，也品一品过往的人生。其实再精美的场景也只是瞬间，能够跟随你一生的，却是这味大红袍，是这种释然的心境，是那浑厚的韵味之后对生命的透彻感悟。

中华武夷茶博园面积约为15 000 m$^2$，集中展示了武夷茶悠久的历史、神奇的传说、精深的工艺。园区由茶坛广场、朱子广场、岩茶史话游览道组成。2019年9月份开始，茶博园在原基础上增加大红袍假山，种植品种茶树，建

印象大红袍演出场景

天空之镜

武夷茶研习社

设景观廊道、仿古连廊、雾森系统、高空秋千、天空之镜、音乐喊泉、5D 茶之道景观连廊等娱乐休闲景观，努力打造唯美园区夜色，丰富园区夜景，吸引众多游客体验观光。

武夷茶研习社毗邻“印象大红袍”山水实景演出区，是一处组团式中式园林景观建筑，集陈列、观赏、体验与传播等多功能于一体，全面展示和反映武夷茶与武夷山茶文化的综合性展馆。

大红袍体验中心立足于传播武夷茶文化，打造武夷山国家级旅游度假区新地标。连接起文化创意产业与茶文化旅游产业，创造一种文化体验、文化消费和慢生活艺术之旅。围绕“吃、住、行、游、购、娱、健、体、学”，积极创建武夷山最具教育特色的文创旅游品牌。

5D 茶之道

户外茶会

# 第二节　武夷茶会

## 一、山水雅集

在古人看来，纵情山水，游心翰墨，吟诗清谈，饮酒品茶等都是风雅的代名词。文人墨客们聚在一起游山玩水、吟风弄月、诗文相和，琴、棋、书、画来做伴，茶、酒、香、花相陪。雅人、雅事和雅兴，缺一不可。

武夷山风景秀丽，文化昌明，同时茶事活动兴盛，历史文人朱熹、苏东坡、柳咏、陆游、辛弃疾等大儒都曾在武夷留下聚会品茗的诗词足迹。“仙翁遗石灶，宛

户外品茗

户外茶事

武夷云河漂流——漂着吃茶去

漫游云河 品茗山水

户外茶席

在水中央。饮罢方舟去，茶烟袅细香。”朱熹在武夷九曲溪中遗下的茶灶石，沿溪经过仍让人感受到茶香缥缈。至今，乘竹筏、赏风景、品岩韵，仍是游人来到武夷山必不可少的体验，这样在无形中似乎也拉近了今人与古人的距离，感受“峰峰山回转，曲曲水抱流”的画境，“千载儒释道，万古山水茶”的意境。

仁者乐山，智者乐水。在现代生活中，人们也喜好集结出游，以山水为良伴，以茶为物质载体，辅以音乐诗文等活动，娱乐与文化性相融，大家因雅而聚，以优雅的方式抒发生活的美好。茶会自古以来是一种极好的雅聚方式。来到武夷，人们乐于择一山水之地，布一方茶席，三五好友泡上一壶工夫茶，慢慢品味，享受生活，如果有诗文雅乐助兴就更美妙不过了。在品茶闲话中，人们的身心放松了，情感拉近了，天地变宽了。

## 二、海峡两岸茶博会

自 1867 年中国茶在世博会上首次亮相，茶就与博览会结缘。茶叶作为中

茶博会

国特色农副产品、食品、文化产品，在国际及国内都占有一席之地。福建是我国著名的产茶大省，是六大茶类中三大茶类的发源地。而武夷山是世界红茶、乌龙茶的发源地，茶树品种王国基因库，茶文化底蕴深厚，在茶叶江湖中一直占据重要地位。

为更好地交流茶叶，发展茶文化与茶经济，武夷山于每年 11 月 16—18 日举办“海峡两岸茶业博览会”，至 2019 年已成功举办 13 届。“海峡两岸茶业博览会”由福建省人民政府主办，并邀请国台办、农业部、国家质检总局、国家工商总局、中国国际茶文化研究会、中国茶叶流通协会、台湾省农会、台湾茶叶协会等联合主办，南平人民政府承办，突出“对台农业、海峡西岸”“茶为国饮、闽茶为优”的特点，是集海峡两岸茶文化、茶产业交流和商贸、旅游为一体的大规模的茶业盛会。配套举办茶文旅融合推介、海峡两岸小茶人大赛、民间斗茶赛等专场活动。

“一片树叶成就一个产业、富裕一方百姓。”茶产业是武夷山市的重要产业，将茶产业与文化、生态联动，做生态放心茶，弘扬茶文化，提升茶价值

展会品茗

与茶品牌具有重要意义。海峡两岸茶业博览会已成为全国茶行业具有较高知名度和影响力的重要展会，成为茶界沟通的桥梁、友谊的纽带、交流的媒介。

## 三、海峡两岸民间斗茶赛

斗茶赛在我国历史悠久，在唐代称为“茗战”，宋代称为“斗茶”，即通过比赛形式评比茶叶的品质优劣。宋代时期，我国斗茶达到鼎盛，宋徽宗《大观茶论》、蔡襄《茶录》和刘松年《茗园赌市图》等内容都体现出当时斗茶赛的兴盛，上起皇帝将相，下至文人雅士、贩夫走卒，无不好此，在“斗”中将中国茶文化推向新高峰。宋代，武夷山所在的建州一带为北苑贡茶的产地，同时也是宋代瓷品高峰——建盏的产地。因此，武夷山一带具有得天独厚的条件，相关记载显示斗茶乃闽人首创，发端于武夷山下。每到制茶季结束，茶农、茶厂们都会将自家的茶拿出来切磋，比拼技艺与品质，看看今年谁家的茶做得最好，古时好茶可作贡茶，今时好茶可作茶王。

斗茶赛现场

斗茶

颁奖现场

海峡两岸民间斗茶赛传古之斗茶风俗，是武夷山规模宏大的赛事，受到海峡两岸茶友的关注。比赛本着公平、公开的原则，欢迎两岸茶人进行茶事交流，以茶为载体切磋技艺，以茶会友。这场赛事开两岸斗茶的先河，引起海内外媒体高度关注，也吸引了众多的茶商、茶客。

近年来，各类斗茶赛如雨后春笋。2019 年，“朱子杯”海峡两岸民间斗茶赛，共收到两岸参赛茶样 1 150 个，比赛涵盖武夷岩茶（大红袍、水仙、肉桂、名丛）、红茶、台湾乌龙、铁观音、白茶等 8 个系列。每个系列设状元 1 名、金奖 2~5 名、银奖 3~8 名、优质奖若干名，每个茶样按标准对其滋味、香气、外形、叶底、汤色等分别评分，评分结果由专家评审团与大众评审团共同评分。此次比赛也吸引了来自国内外的数万名茶叶爱好者参与，斗茶赛持续近半个月，带动了武夷山的经济、文化以及旅游，也推动了茶文化的交流与繁荣。

真所谓：金秋武夷曲水寒，大王峰下斗茶忙；乌龙戏水杯中斗，晚甘围坐论禅茶；香清甘活兼骨鲠，引来诸仙搜枯肠；最是一年好去处，千年古镇献新茶！

# 第三节　武夷茶舍

## 一、一同山居——醉美茶主题民宿

一同山居，闹中取静，与山同居。

山居外景

山居外景

山居前厅

门与厅，方门圆窗书页顶，木质家具，主人收藏点缀其间，天地人呼应，尽展人在天地间之意境。

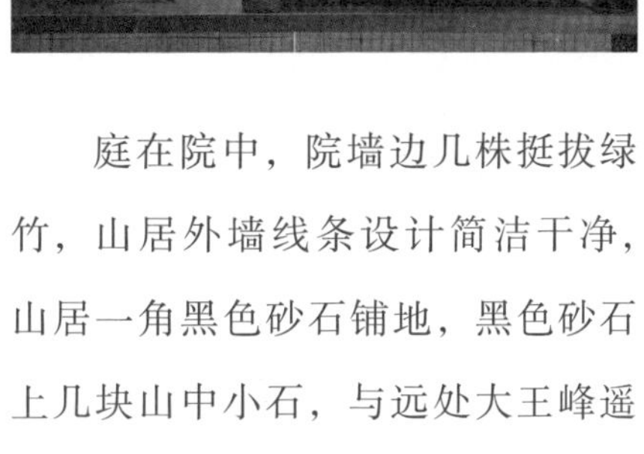

庭在院中，院墙边几株挺拔绿竹，山居外墙线条设计简洁干净，山居一角黑色砂石铺地，黑色砂石上几块山中小石，与远处大王峰遥相呼应，体现人与自然和谐相处的美学空间。

山居前庭

山居后院

山居一角

运用传统手法营造大面积茶空间，空间在背景画卷和老物件的映衬下，于现代气息中交织着绵绵古意，使人时刻感到处于古今时空交错的空间中，茶室中一壶香茗，一本茶书，品岩骨花香，茶境、物境、意境、心境完美融合。

客房设计充分体现人茶不离的理念，入室即是宽敞明亮的茶室，茶桌上用心铺好的茶席，整洁的茶具，随时可以泡一壶香茶，满室茶香，使人疲惫尽去。

山居总体设计简洁干净，用尽量少的材料体现出了丰富内涵，将武夷茶与自然和人完美地融合在一起。

山居茶空间

山居客房

餐厅

茶席

## 二、福莲茶庄园·嘉叶山舍——醉美茶庄园

福莲茶庄园位于在武夷山风景名胜区，在茶山深处，紧紧环抱在庄园四周的是自家的600亩茶山。福莲茶庄园内精致的高端民宿、空间以及服务一应俱全，其中包括配套自有茶园形成的茶山漫游道、非物质文化遗产的制茶体验中心、文化沙龙交流中心，另建有当代茶圣吴觉农纪念馆等。

饮茶重环境，空间的雅致、自然一直是茶人追求的至境。茶庄园有空境山室，极大了融合窗外之景，使人如同置身自然。许次纾《茶疏》指出“饮时”：有“风日晴和，轻阴微雨，小桥画舫，茂林修竹，课花责鸟，荷亭避暑”，在庄园里可谓左右逢源。

于武夷岩茶一年一度的制茶季，可在庄园内的茶厂体验传统手工制茶的技艺，摇青、炒青、揉捻、烘焙，领略传统精湛的制茶技艺之美。

当代茶圣吴觉农纪念馆梳理了中国茶叶的兴衰始末，见证一段历史。同时，全面系统地收集、介绍了吴觉农各个历史时期的大事件，进一步传承、弘扬了茶人精神。

悦心集是福莲茶庄园内的一个交流中心，它是一个多功能的高端社交空间，优雅的空间设计让它备受各类文化沙龙和高端论坛的喜爱。在这里会不定期地与艺术家跨界合作，举办展览。

庄园全景

庄园茶室

庄园制茶手工车间

庄园吴觉农纪念馆

庄园一角

庄园一角

## 三、印象·忘山茶生活美学馆——醉美茶生活馆

“印象·忘山”是一处复合型的茶美学空间。坐落于大型山水实景演出“印象大红袍”剧场入口处，享尽大王峰山景最美角度。在山言山，就地取材，空间设计上用当地最质朴的竹子、土坯、山石为材料；设计理念上，推崇武夷山的慢生活。

忘山一楼空间布局包括水吧区、文创手礼区、茶体验区、书适区、户外休闲区。在这里可以制作武夷岩茶创意茶饮；体验宋代点茶技艺；感受户外最美滨溪骑行。

二楼为创新全景茶宿转换空间“问津”“若谷”2 间，以及全景客房“寻幽”“朝夕”“忘山”3 间。所有的房间包括一楼公共区域覆盖地暖，客房设施齐全，拥有遥控床帘、遥控升降电视、房间独立蓝牙音乐系统等。

“忘道则山形炫目，忘山则道性怡神；见山忘道者，山中乃喧，见道忘山者，人间亦寂。”这是“印象·忘山”中“忘”字的真谛。这里可以全方位体验茶的生活，感受武夷山当地的生活之美。

美学馆夜景

美学馆一角

美学馆一角

美学馆客房

美学馆茶席

# 参考文献

[1] 庄晚芳，刘祖生，陈文怀. 论茶树变种分类［J］. 浙江农业大学学报，1981（1）.

[2] 徐晓望. 清代福建武夷茶生产考证［J］. 中国农史，1988（2）.

[3] 陈明考. 建安北苑贡茶［J］. 福建茶叶，1990（2）.

[4] 南平地区茶叶学会编. 建茶志［M］. 南平：闽北报社印刷厂一分厂，1996.

[5] 陈彬藩. 中国茶文化经典［M］. 北京：光明日报出版社，1999.

[6] 陈浩耕，沈冬梅，于良子. 中国古代茶叶全书［M］. 杭州：浙江摄影出版社，2000.

[7]〔宋〕苏轼著. 苏轼诗集合注［M］.〔清〕冯应榴辑注. 黄任轲，朱怀春校点. 上海：上海古籍出版社，2001.

[8] 郑立盛，廖建生. 北苑茶文化研究现状及展望［J］. 中国茶叶加工，2002（3）.

[9] 郑培凯，朱自振. 中国历代茶书汇编校注本［M］. 香港：商务印书馆（香港）有限公司，2007.

[10] 萧天喜. 武夷茶经［M］. 北京：科学出版社，2008.

[11] 肖坤冰. 帝国、晋商与茶叶——十九世纪中叶前武夷茶叶在俄罗斯的传播过程［J］. 福建师范大学学报（哲学社会科学版），2009（2）.

[12] 周玉璠，冯廷佺，周国文，吕宁. 闽茶概论［M］. 北京：中国农业出版社，2013.

[13] 陈慈玉. 近代中国茶业之发展［M］. 北京：中国人民大学出版社，2013.

[14] 周玉璠，冯廷佺，吕宁. 福建现存野生茶树群落分布［J］. 福建茶叶，2013（3）.

[15] 刘晓航. 东方茶叶港——汉口在万里茶道的地位与影响[J]. 农业考古，2013(5).

[16] 刘勤晋. 茶文化学[M]. 北京：中国农业出版社，2014.

[17] 刘晓航. 穿越万里茶道[M]. 武汉：武汉大学出版社，2015.

[18] 李远华. 第一次品岩茶就上手[M]. 北京：旅游教育出版社，2015.

[19] 刘晓航. 世纪动脉——中俄万里茶道的历史价值与当代意义[J]. 农业考古，2015(5).

[20] 刘勤晋，李远华，叶国盛. 茶经导读[M]. 北京：中国农业出版社，2016.

[21] 李尾咕. 北苑贡茶盛行于宋代的成因探考[J]. 农业考古，2017(1).

[22] 廖宝秀. 历代茶器与茶事[M]. 北京：故宫出版社，2017.

[23] 叶国盛，赵宇欣. 明清时期武夷茶鉴评辑考[J]. 武夷学院学报，2018(1).

[24] 薛秀艳，翟艳峰. 万里茶道研究综述[J]. 太原学院学报(社会科学版)，2018(6).

[25]〔唐〕陆羽. 茶典:《四库全书》茶书八种[M]. 北京：商务印书馆，2018.

[26] 叶国盛. 武夷茶的对外传播与文化交流意义[J]. 中华文化与传播研究，2019(1).

[27] 陈传席. 紫砂小史[M]. 上海：上海人民出版社，2019.

# 后　记

武夷茶历史悠久，茶文化底蕴深厚，三教高贤多有赞扬。近年来，随着“一带一路”倡议的提出，武夷山作为万里茶道的起点及世界自然与文化双遗产地，在“一带一路”茶文化传播中具有举足轻重的地位。武夷学院中国乌龙茶产业协同创新中心“一带一路”茶文化构建与传播研究课题组借此机会，以武夷茶路为主线，从五个维度详细介绍了武夷茶的历史、武夷茶的传播、武夷茶的品饮、武夷茶的吟咏和武夷茶的时代演绎，通过大量史实和图片讲述武夷茶栽植历史及制作沿革、武夷茶进贡及对外贸易，描述唐宋以来武夷茶品饮方式的演变及武夷茶诗词，最后通过武夷茶旅、武夷茶会和武夷茶舍展示武夷茶文化在新的历史时期焕发出新的活力。

本书由武夷学院茶与食品学院院长张渤策划主编并统稿，侯大为共同主编，洪永聪、叶国盛、郑慕蓉、王丽、丁丽萍、黄毅彪、翁睿、翁晖共同编写完成，其中第一章由郑慕蓉、洪永聪编写，第二章由侯大为、黄毅彪、丁丽萍、翁睿编写，第三章由王丽、叶国盛编写，第四章由翁晖、叶国盛编写，第五章由侯大为、郑慕蓉、叶国盛、王丽编写。感谢福建农林大学管曦副教授百忙之中拨冗审稿并提出了许多建设性修改意见。武夷山正枞茶业有限公司、厦门御上茗茶业有限公司、武夷山市瑞芳茶叶发展有限公司、武夷山市丹苑名茶有限公司、武夷山印象大红袍股份有限公司、武夷山一同山居茶印象美学酒店、福莲茶庄园•嘉叶山舍、印象•忘山茶生活美学馆、武夷山市海峡国际会展有限公司、福建熹茗茶业有限公司、武夷山云河漂流旅游有限公司、南平市曜变陶瓷研究院、郑友裕为本书提供大量图片，在此一并致谢！

由于时间所限，本书许多方面难免不足，在今后工作中将不断完善，敬请读者批评指正。

编者

**图书在版编目(CIP)数据**

武夷茶路/张渤,侯大为主编. —上海:复旦大学出版社,2020.12(2021.4 重印)
(武夷研茶)
ISBN 978-7-309-15055-1

Ⅰ.①武… Ⅱ.①张… ②侯… Ⅲ.①武夷山-茶文化 Ⅳ.①TS971.21

中国版本图书馆 CIP 数据核字(2020)第 080592 号

**武夷茶路**
张 渤 侯大为 主编
责任编辑/方毅超 王雅楠
装帧设计/杨雪婷

复旦大学出版社有限公司出版发行
上海市国权路 579 号 邮编:200433
网址:fupnet@ fudanpress. com http://www. fudanpress. com
门市零售:86-21-65102580 团体订购:86-21-65104505
外埠邮购:86-21-65642846 出版部电话:86-21-65642845
江阴金马印刷有限公司

开本 787×960 1/16 印张 11.5 字数 158 千
2021 年 4 月第 1 版第 2 次印刷

ISBN 978-7-309-15055-1/T·671
定价:68.00 元